中国古建筑之美

宫殿建筑

末代皇都

◎ 本社 编

中国建筑工业出版社

中国古建筑之美

·宫殿建筑·

末代皇都

编委会

撰　文　茹竞华　彭华亮

摄　影　曹　扬　张振光　陈小力 等

责任编辑　王伯扬　马　彦

凡例

一、全书共分十册，收录中国传统建筑中宫殿建筑、帝王陵寝建筑、皇家苑囿建筑、文人园林建筑、民间住宅建筑、佛教建筑、道教建筑、伊斯兰教建筑、礼制建筑、城池防御建筑等类别。

二、各册内容大致分四大部分：论文、彩色图版、建筑词汇、年表。

三、论文内容阐述各类建筑之产生背景、发展沿革、建筑特色，附有图片辅助说明。

四、彩色图版大体按建筑分布区域或建成年代为序进行编排。全书收录精美彩色图片（包括论文插图）约一千七百幅。全部图片均有图版说明，概要说明该建筑所在地点、建筑年代及艺术技术特色。

五、论文部分收有建筑结构图、平面图、复原图、沿革图、建筑类型比较图表等。另外还附有建筑分布图及导览地图，标注著名建筑分布地点及周边之名胜古迹。

六、词汇部分按笔画编列与本类建筑有关之建筑词汇，供非专业读者参阅。

七、每册均列有中国建筑大事年表，并以颜色标示各册所属之大事纪要。全书纪年采用中国古代传统纪年法，并附有公元纪年以供对照。

序一

《中国古建筑大系》重印序

中国的古代建筑源远流长，从余姚的河姆渡遗址到西安的半坡村遗址，可以考证的实物已可上溯至7000年前。当然，战国以前，建筑经历了从简单到复杂的漫长岁月，秦汉以降，随着生产的发展，国家的统一，经济实力的提升，建筑的技术和规模与时俱进，建筑艺术水平也显著提高。及至盛唐、明清的千余年间，建筑发展高峰迭起，建筑类型异彩纷呈，从规划设计到施工制作，从构造做法到用料色调，都达到了登峰造极的地步。中国建筑在世界建筑之林，独放异彩，独树一帜。

建筑是凝固的历史。在中华文明的长河中，除了文字典籍和出土文物，最能震撼民族心灵的是建筑。今天的炎黄子孙伫立景山之巅，眺望金光灿烂雄伟壮丽的紫禁城，谁不产生民族自豪之情！晚霞初起，凝视护城河边的故宫角楼，谁不感叹先人的巧夺天工。

珍爱建筑就是珍爱历史，珍爱文化。中国建筑工业出版社从成立之日起，即把整理出版中国传统建筑、弘扬中华文明作为自己重要的职责之一。20世纪50、60年代出版了梁思成、刘敦桢、童寯、刘致平等先生的众多专著。改革开放之初，本着抢救古代建筑的初衷，在杨俊社长主持下，制订了中国古建筑学术专著的出版规划。虽然财力有限，仍拨专款20万元，组织建筑院校师生实地测绘，邀请专家撰文，从而陆续推出或编就了《中国古建筑》、《承德古建筑》、《中国园林艺术》、《曲阜孔庙建筑》、《普陀山古建筑》以及《颐和园》等大型学术画册和5卷本的《中国古代建筑史》。前三部著作1984年首先在香港推出，引起轰动；《中国园林艺术》还出版了英、法、德文版，其中单是德文版一次印刷即达40000册，影响之大，可以想见。这些著作既有专文论述，又配有大量测绘线图和彩色图片，对于弘扬、保存和维护国之瑰宝具有极为重要的学术价值和实际应用价值。诚然，这些图书学术性较强，主要为专业人士所用。

1989年3月，在深圳举行的第一届对外合作出版洽谈会上，我看到台湾翻译出版的一套《世界建筑全集》。洋洋10卷主要介绍西方古代建筑。作为世界文明古国的中国却只有万里长城、北京故宫等三五幅图片，是中国没有融入世界，还是作者不了解中国？作为炎黄子孙，别是一番滋味涌上心头。此时此刻，我不由得萌生了出版一套中国古代建筑全集的设想。但如此巨大的工程，必有充足财力支撑，并须保证相当的发行数量方可降低投资风险。既是合作出版洽谈会，何不找台湾同业携手完成呢？这一创意立即得到《世界建筑全集》中文版的出版者——台湾光复书局的响应。几经商榷，合作方案敲定：我方组织专家编撰、摄影，台方提供10万美元和照相设备，1992年推出台湾版。1989年11月合作出版的签约典礼在北京举行。为了在保证质量的同时，按期完成任务，我们决定以本社作者为主完成本书。一是便于指挥调度，二是锻炼队伍，三能留住知识产权。因此将社内建筑、园林、历史方面的专家和专职摄影人员组成专题组，由分管建筑专业的王伯扬副总编辑具体主持。社外专家各有本职工作，难免进度不一，因此只邀请了孙大章、邱玉兰、茹竞华三位研究员，分别承担礼制建筑、伊斯兰教建筑和北京故宫的撰稿任务。翌年初，编写工作全面展开，作者们夜以继日，全力以赴；摄影人员跋山涉水，跑遍全国，大江南北，长城内外，都留下了他们的足迹和汗水。为了反映建筑的恢弘气派和壮观全景，台湾友人又聘请日本摄影师携专用器材补拍部分照片补入书中。在两岸同仁的共同努力下，三年过去，10卷8开本的《中国古建筑大系》大功告成。台湾版以《中国古建筑之美》的名称于1992年按期推出，印行近20000套，一时间洛阳纸贵，全岛轰动。此书的出版对于弘扬中华民族的建筑文化，激发台湾同胞对祖国灿烂文化的自豪情感，无疑产生了深远的影响。正如光复书局林春辉董事长在台湾版序中所言："两岸执事人员真诚热情，戮力以赴的编制精神，充分展现了对我民族文化的长情大爱，此最是珍贵而足资敬佩。"

为了尽快推出大陆版，1993年我社从台方购回800套书页，加印封面，以《中国古建筑大系》名称先飨读者。终因印数太少，不多时间即销售一空。此书所以获得两岸读者赞扬和喜爱，我认为主要原因：一是书中色彩绚丽的图片将中国古代建筑的精华形象地呈现给读者，让你震撼，让你流连，让你沉思，让你获得美好的享受；二是大量的平面图、剖面图、透视图展示出中国建筑在设计、构造、制作上的精巧，让你感受到民族的智慧；三是通俗流畅的文字深入浅出地解读了中国建筑深邃的文化内涵，诠释出中国建筑从美学到科学的含蓄内蕴和哲理，让你获得知识，得到启迪。此书不仅获得两岸读者的认同，而且得到了专家学者的肯定，1995年荣获出版界的最高奖赏——国家图书奖荣誉奖。

为了满足读者的需求，中国建筑工业出版社决定重印此书，并计划推出简装本。对优秀的出版资源进行多层次、多方位的开发，使我们深厚丰富的古代建筑遗产在建设社会主义先进文化的伟大事业中发挥它应有的作用，是我们出版人的历史责任。我作为本书诞生的见证人，深感鼓舞。

诚然，本书成稿于十余年前，随着我国古建筑研究和考古发掘的不断进展，书中某些内容有可能应作新的诠释。对于本书的缺憾和不足，诚望建筑界、出版界的专家赐教指正。让我们共同努力，关注中国建筑遗产的整理和出版，使这些珍贵的华夏瑰宝在历史的长河中，像朵朵彩霞永放异彩，永放光芒。

中国出版工作者协会副主席
科技出版委员会主任委员
中国建筑工业出版社原社长
周谊

2003年4月

序二

《中国古建筑大系》初版序

人们常用奔腾不息的黄河，象征中华民族悠长深远的历史；用连绵万里的长城，喻示炎黄子孙坚忍不拔的精神。五千年的文明与文化的沉淀，孕育了我伟大民族之灵魂。除却那浩如烟海的史籍文章，更有许许多多中国人所特有的哲理风骚，深深地凝刻在砖石木瓦之中。

中国古代建筑，以其特有的丰姿于世界建筑体系中独树一帜。在这块华夏子民的土地上，散布着历史年岁留下的各种类型建筑，从城池乡镇的总体规划、建筑群组的设计布局、单栋房屋的结构形式，一直到细部处理、家具陈设，以及营造思想，无不展现深厚的民族色彩与风格。而对金碧辉煌的殿宇、幽雅宁静的园林、千姿百态的民宅和玲珑纤巧的亭榭……人们无不叹为观止。正是透过这些出自历朝历代哲匠之手的建筑物，勾画出东方人的神韵。

中国古建筑之美，美在含蓄的内蕴，美在鲜明的色彩，美在博大的气势，美在巧妙的因借，美在灵活的组合，美在予人亲切的感受。把这些美好的素质发掘出来，加以研究和阐扬，实为功在千秋的好事情。

我与中国建筑工业出版社有着多年交往，深知其在海内影响之权威。光复书局亦为台湾业绩卓著、实力雄厚的出版机构。数十年来，她们各自从不同角度为民族文化的积累，进行着不懈的努力。尤其近年，大陆和台湾都出版了不少旨在研究、介绍中国古代建筑的大型学术专著和图书，但一直未见两岸共同策划编纂的此类成套著作问世。此次中国建筑工业出版社与光复书局携手联珠，各施所长，成功地编就这样一整套豪华的图书，无论从内容，还是从形式，均可视为一件存之永久的艺术珍品。

中国的历史，像一条支流横溢的长河，又如一棵挺拔繁盛的大树，中国古代建筑就是河床、枝叶上蕴含着的累累果实与宝藏。举凡倾心于研究中国历史的人，抑或热爱中华文化的人，都可以拿它当作一把钥匙，尝试着去打开中国历史的大门。这套图书，可以成为引发这一兴趣的契机。顺着这套图书指引的线索，根其源、溯其流、张其实，相信一定会有绝好的收获。

刘致平

1992年8月1日

序三

《中国古建筑大系》英文版序

当历史的脚步行将跨入新世纪大门的时候，中国已越来越成为世人瞩目的焦点。东方文明古国，正重新放射出她历史上曾经放射过的光辉异彩。辽阔的神州大地，睿智的华夏子民，当代中国的经济腾飞，古代中国的文化珍宝，都成了世人热衷研究的课题。

在中国博大精深的古代文化宝库中，古代建筑是极具代表性的一个重要组成部分。中国古代建筑以其特有的丰姿，在世界建筑史中独树一帜，无论是严谨的城市规划和活泼的村镇聚落，以院落串联的建筑群体布局，完整规范的木构架体系，奇妙多样的色彩和单体造型，还是装饰部件与结构功能构件的高度统一，融家具、陈设、绘画、雕刻、书法诸艺于一体的建筑综合艺术，等等，无不显示出中华民族传统文化的独特风韵。透过金碧辉煌的殿宇，曲折幽静的园林，多姿多样的民居，玲珑纤细的亭榭，那尊礼崇德的儒学教化，借物寄情的时空意识，兼收并蓄的审美思维，更折射出华夏子孙的不凡品格。

中国建筑工业出版社系中国建设部直属的国家级建筑专业出版社。建社四十余年来，素以推进中国建筑技术发展，弘扬中国优秀文化传统、开展中外建筑文化交流为己任。今以其权威之影响，组织国内知名专家，不惮繁杂，潜心调研、摄影、编纂，出版了《中国古建筑大系》，为发掘和阐扬中国古建筑之精华，做了一件功在千秋的好事。

这套巨著，不但内容精当、图片精致、而且印装精美，足臻每位中国古建筑之研究者与爱好者所珍藏。本书中文版，不但博得了中国学者的赞赏，而且荣获了中国国家图书奖荣誉奖；获此殊荣的建筑图书，在中国还是第一部。现本书英文版又将在欧美等地发行，它将为各国有识之士全面认识和研究中国古建筑打开大门。我深信，无论是中国人还是西方人，都会为本书英文版的出版感到高兴。

原建设部副部长　叶如棠

1999年10月

宫殿建筑与都城遗址分布图

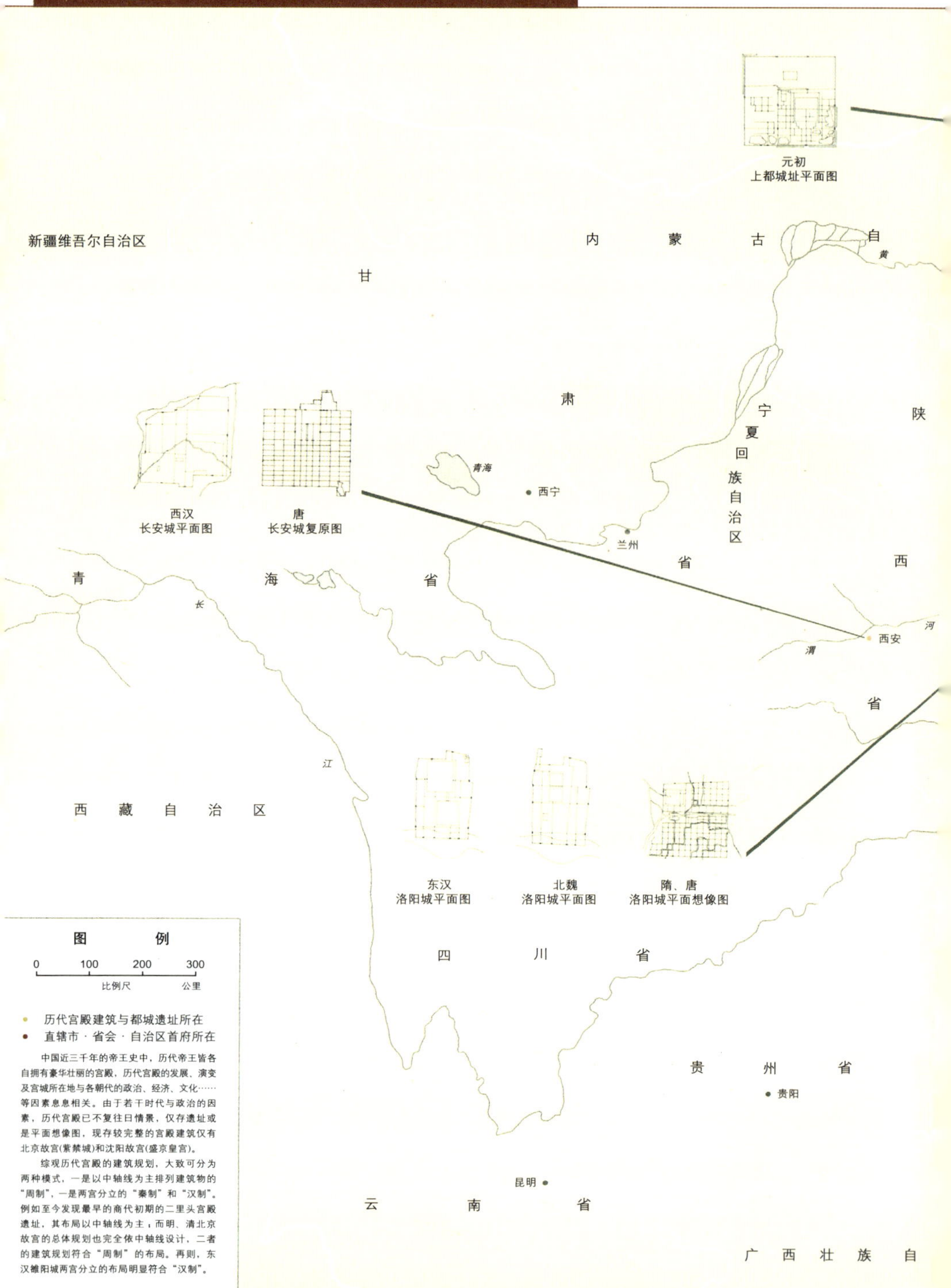

中国近三千年的帝王史中，历代帝王皆各自拥有豪华壮丽的宫殿，历代宫殿的发展、演变及宫城所在地与各朝代的政治、经济、文化……等因素息息相关。由于若干时代与政治的因素，历代宫殿已不复往日情景，仅存遗址或是平面想像图，现存较完整的宫殿建筑仅有北京故宫(紫禁城)和沈阳故宫(盛京皇宫)。

综观历代宫殿的建筑规划，大致可分为两种模式，一是以中轴线为主排列建筑物的“周制”，一是两宫分立的“秦制”和“汉制”。例如至今发现最早的商代初期的二里头宫殿遗址，其布局以中轴线为主；而明、清北京故宫的总体规划也完全依中轴线设计，二者的建筑规划符合“周制”的布局。再则，东汉雒阳城两宫分立的布局明显符合“汉制”。

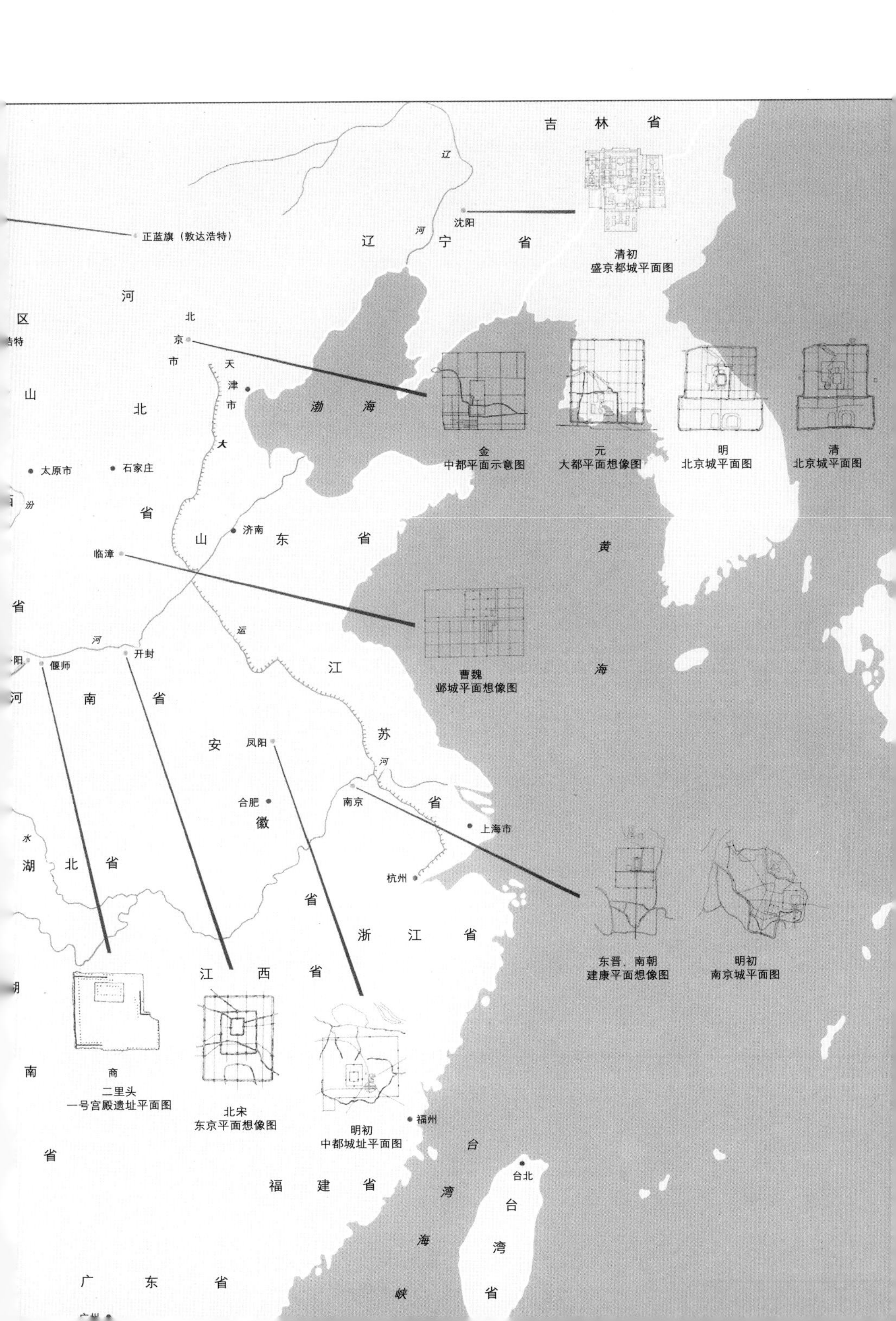

吉 林 省
沈阳
辽 宁 省
清初
盛京都城平面图
正蓝旗（敦达浩特）
河
北
京
市
天
津
市
渤 海
金
中都平面示意图
元
大都平面想像图
明
北京城平面图
清
北京城平面图
山
北
太原市
石家庄
省
济南
山 东 省
临漳
黄
曹魏
邺城平面想像图
海
开封
偃师
河 南 省
江
苏
安
凤阳
合肥
徽
南京
省
上海市
杭州
湖 北 省
省
浙 江 省
东晋、南朝
建康平面想像图
明初
南京城平面图
江 西 省
商
二里头
一号宫殿遗址平面图
北宋
东京平面想像图
明初
中都城址平面图
福州
台
台北
福 建 省
湾
台
海
湾
广 东 省
峡
省

北京故宫周边导览图

北京乃我国六大古都之一，历史悠远，文化灿烂，不仅是文物古迹的荟萃之地，又是驰名中外的旅游胜地。其风景名胜各具特色，包括了我国古建筑的精华和世界东方文化最大的博物馆。

北京故宫：历史最久、最完整的皇家苑囿——北海；我国现存规模最宏伟、完整的古典园林——颐和园；世界著名古代七大建筑奇迹之一的长城名胜古迹——八达岭、慕田峪长城、居庸关；以及天坛、香山、潭柘寺、周口店北京人遗址、芦沟桥等，将北京点缀得更加秀丽。

Contents / 目录

宫殿建筑·末代皇都

Contents / 图版目录

北京故宫

Contents / 图版目录

沈阳故宫

中国古建筑之美

·宫殿建筑·

末代皇都

论文

历史上的宫殿建筑

——从原始简陋迈向宏伟壮丽

翻开中国的古籍，会看到许多有关宫殿的记述。

最早，在《易经》上记述说，远古的先王没有宫室，冬天住在洞窟里，夏天住在橧巢里。当时所称的宫室泛指建在地面上供居住用的房屋，商代甲骨文中以“[illegible]”、“[illegible]”来表示，没有帝王专用的含意。随着社会的进展，建立了王权，有了天子，他们的宫室也就与众不同了，除居住外，还有集会、政治以及宗法礼仪等活动场所，逐步形成一种建筑类型。

肇始阶段

河南省偃师县二里头村曾发现约公元前1900～前1500年的一组建筑遗址，可能是中国最早的朝代夏后氏或其后商汤宫室的一部分。遗址是一座大夯土台，平面近方形，边长百余米，高数十厘米。根据台上的柱洞及墙体残迹，可以辨认出，这是一座四周由廊庑环绕而成的庭院基址。庭院南边廊庑的中部设有穿堂式大门，院内有一座大殿堂。殿堂东西宽三十余米，南北深十几米，面阔八开间。如果按书上记载殷人的宫室“四阿重屋”，它应当是木结构重檐庑殿顶式上覆茅草的建筑。这一组廊院式的建筑，它的布局和营造技术都还处于初始阶段，但是从保存至今的北京故宫内仍可见到

紫禁城鸟瞰

明朝时将紫禁城建在都城的中心，四周按“左祖右社，面朝后市”的布局，成为历史上最符合《周礼·考工记》中所述周王城的实例。清入关后，经过修葺继续沿用，虽然比明朝初建时有所变化，但是总体布局仍保持原来的面貌。紫禁城南北长961米，东西宽753米，占地面积逾72万平方米。

它的痕迹。

周朝的古公亶父因逃避他族的侵略，率从属迁移到岐山下的周原，就是现在陕西省岐山县、扶风县一带。在这块肥沃的土地上建立都城，营筑城郭宫室。虽然后来文王、武王、周公等人又在别处另建都城，但是周原一直被誉为周人的发祥地，到西周末年，仍然是王室诸侯贵族们顶礼膜拜、祭祀祖先的聚集圣地，所以宫室始终未废，相继有200年。在周原曾发掘出许多宫室遗址。其中有一座高出地面1.3米的土台，南北长43.5米，东西宽32.5米。从台上遗留的柱洞、柱础、倒塌的墙体、砂子石灰涂抹的地面以及台阶等，可以判断这里是一处具有规整布局的两进四合院式建筑的基址。由南往北，有门道、前堂、后室，两侧各有前后相连的八间厢房，大门前还有4.8米宽的影壁。房屋的地下埋设有陶管或卵石砌的排水道，此外还出土有弧形的瓦及大量石、蚌雕饰。不难想像，这里的宫室顶上已经用瓦并有了室内装饰。

传说周朝已有一些礼仪建筑及完整的礼仪制度。大约是春秋战国时成书的《周礼·考工记》中记述了周朝的王城规划制度，周王城以宫城为主体，宫城有门、有隅，构成防御性的城池。宫城内有三门三朝，按前朝后

西周召陈宫室遗址

公元1976年以来，在周原一带进行田野调查，发现扶风县召陈村有一处5000平方米以上的遗址，有15个大同小异的建筑遗址，其中有留存用大砾石掺土回填夯实的圆柱基。

寝的次序排列；宫城外左有宗庙，右有社稷。但是这些制度在秦、汉的都城及宫殿中没有明显的反映，倒是对后来的都城及宫殿规划影响越来越大。

“殿”的出现

秦灭六国，建立了中央集权的统一国家，皇帝这个称呼就是此时新创的。秦始皇的宫室规模空前宏大，依照六国宫室的式样建筑在咸阳北，有一百四十多处，藏美女一万人以上，但仍嫌小，又在渭水南上林苑中建朝宫。《史记·秦始皇本纪》上述说，先建朝宫的“前殿阿房”，这是最早见于书上记载的“殿”。所以，似乎可以说“宫殿”一词是在有了“皇帝”后才出现的。

秦朝众多的离宫别馆广布于渭水南北，各宫之间以阁道甬道相连。据记载由于秦始皇听信方士的进言，为求得长生不死的药，所以要隐藏起来，不让臣下知道去处。秦宫殿的布置模仿天象，所在方位及名称也和天上的星座相对应。如信宫是咸阳各宫的中心，被命名为极庙，以象征北极星，把渭水象征银河等等，这也和秦始皇一心想成仙和长生不老的思想是一致的。但是朝宫的前殿阿房宫尚未建成秦始皇就死了，后来项羽烧了秦的宫室，火三月不熄。现今阿房宫的遗址尚在，是长方形的夯土台，南北约500米长，东西约1000米宽，残高7～8米，还有一些秦瓦当。

秦的咸阳城址位于今陕西省咸阳市东郊，在这里确实发

秦阿房宫遗址

始皇三十五年(公元前212年)，秦始皇开始兴建朝宫。朝宫的前殿系历史上著名的阿房宫。秦二世即位之后，为了集中力量修建始皇的陵墓，将阿房宫的兴建工程停工一年；第二次开工，缩小了计划范围，尚未竣工，秦朝就被推翻。

现了不少宫殿的遗址，其间还有带状的夯土连接，可能就是当时的复道甬道基础。其中有一处是两层的高台，底层四周可以辨认出原来有一圈回廊，廊地面抹泥，外铺卵石散水，由于长期行走使廊地面中部形成一道凹面。由廊内踏步升高近1米是一层房屋的地面，从残留的土壑墙可以看出南北两面均有房屋。南面相邻的四间，一端另有房屋，内设取暖的炭炉、排水的地漏及藏有鸡骨等的地窖，房内出土有陶纺轮，一般这是妇女的用物，所以推测这里可能是美女常住带有盥洗、沐浴设备的卧室。上层台有大厅堂，也有旁邻盥洗室的卧室，计算起来大厅堂的屋顶距地面有十几米高。土台东西逾70米，南北最长处约40米。一、二层之间有坡道和梯道上下，房屋有回廊甬道环绕，高台重叠、飞阁复道相连属的宫室，构成“仙居”的环境，和文献记载相符合。遗址出土有筒瓦、板瓦、带花纹的铺地砖、装在门上的青铜铺首、用在窗上的铜铰链，房间内绘有壁画，就建筑本身来说也比以前精致得多了。

未央宫

汉高祖刘邦在建国之初，仅利用秦的离宫扩建了一座长乐宫。后来据《汉书》上记载，高祖出征回到长安，看见萧何建未央宫，立有东关门、北阙门，建有前殿、武器库、粮仓等。高祖认为太壮丽了，很生气，质问萧何：“是何治宫室过度也？”萧何答天子以四海为家，宫室一定要壮丽，否则不能显示帝王的尊贵和威严。高祖听后非常高兴，次年未央宫建成，就在前殿宴诸侯群臣，高呼万岁，饮酒大笑为乐。后来又修建了北宫、桂宫、明光宫、建章宫等，长安城则是在这些宫殿建成后逐步修筑的。长安城位于秦咸阳宫南，今陕西省西安市西北。

多年来对未央宫的遗址进行发掘，已发现宫城呈规整的方形，四周筑有宫墙，东西宽2150米，南北长2250米，被认为是中国最大的宫城。史籍记载四面各有一门，现已探明南北两门的位置，还有西南角楼的基址。为举行大典用的前殿居中央，其遗址土台残高14米左右，四周还有楼台殿阁四十余座，著名之存放图书典籍的石渠阁、天禄阁的基址也在其中。

未央宫的建筑十分华丽，《三辅黄图》上述说殿堂用花纹美丽、带有香味的上等木材做梁柱栋椽，所以皇后的寝宫称为椒房殿。以金玉装饰门窗，柱子、栏杆上雕刻有花纹，窗涂青色，殿阶涂丹色。

未央宫在汉朝建成后，又有前秦、北周等七朝皇帝相继使用，累计达360多年，直到唐武宗时还进行过修缮，距萧何初建时已有1000多年。

大明宫

东汉末中国走向分裂，往后300多年是历史上一次南北民族大融合时期，直到隋朝才又出现统一的繁荣时期。曾有过规模较大、使用时间较长的宫殿，如邺(故城在今河北省临漳县北)、九朝故都的洛阳(今河南省洛阳市)、六朝故都的建康(今江苏省南京市)等地，建筑大都依照汉族的制度，而且比秦、汉更多地承袭周制，可惜这些宫殿均被战火焚毁，荡然无存，仅有诗文记载及遗址供后人凭吊。

唐朝强盛而繁荣，也是中国古代建筑发展成熟时期，影响被及国外。都城长安位于汉长安城的东南(今陕西省西安市)，面积是现存明代西安旧城的10倍，东西宽9721米，南北长8651.7米，面积约84平方公里，成为当时世界上最大的城

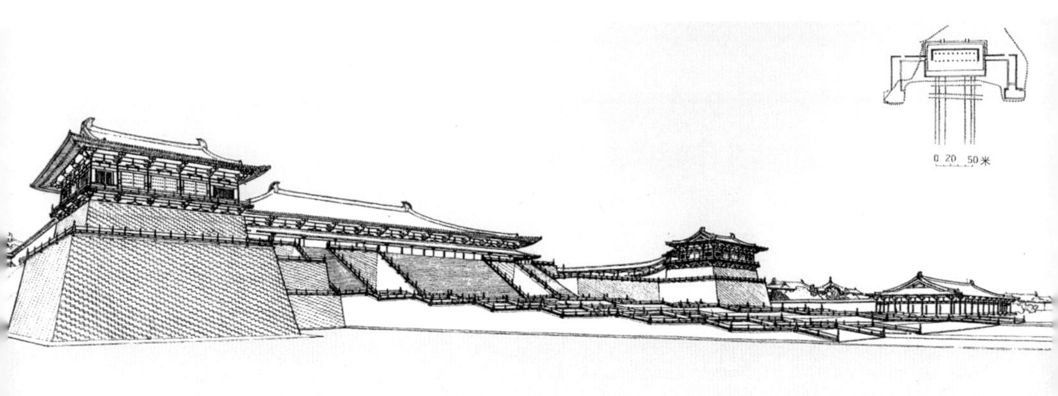

唐大明宫含元殿复原图

含元殿是大明宫的正殿，利用龙首山做殿基，现今残存的遗址还高出地面十几米。殿面阔十一间，其前有长达75米的龙尾道，左、右两侧稍前处又建翔鸾、栖凤两阁，以曲尺形廊庑与含元殿相连。

市。长安城的规划总结了汉末邺城、北魏洛阳城和东魏邺城的经验，在规整对称的原则下，沿着南北轴线，将宫城和皇城置于全城的主要地位，并以纵横相交的棋盘形道路，将其余部分划为108个里坊，分区明确、街道整齐，充分体现了封建统治者的理想和要求。宫城呈长方形，内又有太极宫、东宫、掖庭宫，分别为皇帝听政居住、太子居住及宫人居住的宫殿。宫殿位于城中轴线的北端，占据全城的主要位置。

唐高宗因有风湿症，不喜欢太极宫的低洼潮湿，于是又在原宫城的东北龙首原高地上兴修了大明宫，成为皇帝长住的主要宫殿，代替了太极宫。近年来对大明宫遗址进行探测，得知北宫垣长1135米，南宫垣长1674米，西宫垣长2256米，东宫垣不是直线。宫墙用夯土筑成，局部表面有砖。自宫南门起沿中轴线上排列含元殿、宣政殿、紫宸殿，两侧是大体对称的殿阁楼台；后部是皇帝及后妃居住和游宴用的殿堂，最后是由太液池、蓬莱山和园林建筑组成的御花园。

含元殿是大明宫的正殿，现在残存的殿基址高出地面十余米，东西宽76米，南北深42米。殿面阔十一间，左右侧稍前处建有翔鸾、栖凤两座阁，以曲尺形廊庑和含元殿联结，组成庞大的“冂”形平面建筑群，很像北京故宫午门的形制。登临大殿的坡道共分七折，逐折升高，上铺莲花砖，两侧有石栏杆，长达75米，远望如龙尾，称为龙尾道。这个巨大的建筑群，以屹立于砖台上的殿阁与向前延伸和逐步降低的龙尾道相配合，展现了中国封建社会鼎盛时期雄浑的建筑风格。

另一座重要的殿堂名麟德殿，在史书上记载是赐赏群臣、藩臣觐见、观看伎乐等活动的场所。遗留的基址有两层大台基，一层高1.4米，南北长13米，东西宽7.7米；二层高1.1米。台基外面包砖，遗址完整，柱础残墙清晰可辨，是由前殿、大小宴会厅以及堂、阁、楼、亭、廊、天桥等许多附属建筑组成的，面积约有5000平方米，比北京故宫的三大殿加在一起还大。

根据遗址提供实体的情况，再加上出土的砖、瓦、莲花纹铺地砖、覆莲柱础、琉璃瓦、石螭首、石望柱、兽面脊头装饰、鸱尾等材料及装饰构件，充分说明唐朝宫殿台观高筑、殿宇嵯峨、楼阁密接、廊庑连贯，确像诗文和唐代壁画，尤其是敦煌壁画描述的情景。

唐玄宗时又把他的藩邸兴修成兴庆宫，除殿堂外，筑有龙池及沉香亭等园林建筑。沉香亭据说是用沉香木构筑，一日唐玄宗与杨贵妃共赏牡丹，召李白作乐词，于是留下了“解释春风无限恨，沉香亭北倚栏杆”的诗句。今陕西省西安市碑林仍保有宋代石刻兴庆宫全图，其中的沉香亭是四角攒尖重檐顶建筑。唐朝时在大明宫和兴庆宫之间，沿长安城北边及东边的城墙建有夹城，专供皇帝往来。在大明宫的遗址可以看到这些夹城，夹城两城墙间距离约55米。

汴梁

赵匡胤以兵变夺得政权，结束了唐末以来五十余年八易其姓的战乱分裂局面，建立宋朝。

宋朝仍利用后周的汴梁建都(位于今河南开封)，唐朝时称汴州，宋的宫城就在原唐节度使治所的基础上扩建。宋太祖命人绘制唐洛阳宫殿图，然后按图兴建。宫殿集中在一座宫城内。宫城周围五里，不及唐长安宫城周长的一半，面积还比不上一个大明宫。

宫城居于汴梁城中心，亦称大内。每面各有一门，四角建角楼，南面中央的门称丹凤门，平面为“冂”形，有五个门洞，前有一座桥称州桥，州桥南北是天街，南部天街两侧是官府衙署。宫城之外又有两重城墙，每重城墙之外都有护城壕围绕，这样的布局一直被后来的辽、金、元、明、清所仿效。宫内前朝的正殿名大庆殿，殿北有视朝的前殿名紫宸殿，此外还有常日视朝的垂拱殿及宴殿、观宴楼、阅事的殿、便坐的殿等等。前朝各殿之后是后宫及内苑，按"前朝后寝"的次序安置，宫城东北有禁园艮岳，园中的石头是"载以大舟，挽以千夫，凿河断桥"由太湖取来的。

由于黄河泛滥，汴梁湮没地下深逾8米。经勘探试测，现在已揭开了宋东京的面貌，但是宫殿建筑还多是从文献绘画中了解的；保存下来宋朝的绘画，有以宫殿楼台为题材，用界尺作线的所谓界画，如《明皇避暑图》、《汉宫图》以及《金明池夺标图》等等。可以看到宋朝的宫殿建筑喜用工字形或变化更多的组合形式，上覆歇山顶或四面亮山十字脊，琼楼玉宇、雕梁画栋、勾栏委婉、秀丽绚烂。

五京

在北宋和南宋的同期，北方还有辽、金王朝。辽有五个都城，即上、中、西、东、南五京，都有宫殿。上京临潢府，遗址在内蒙古林东县东北。城内有一处500米见方的高台地，就是原来宫殿的所在地。文献记载有开皇、安德、五峦三大殿。南京析津府即现在的北京，是利用唐的幽州城建成，又称燕京。南京要比上京壮丽。传说北京北海的琼华岛是辽皇家的瑶屿。

金也有五京，上京会宁府在今黑龙江省阿城市城南，遗址的宫城所在也是五百多米见方的高地。文献记载说上京"规模曾仿汴梁，然十之二、三而矣"。后来海陵王修建中都燕京，即辽的南京，现在的北京。还把宋汴梁的宫室木材及艮岳的太湖石转运至燕京，建宫殿及苑囿。现在北京北海琼华岛上一部分山洞还是金的旧物。至于宫殿，在蒙古族灭金时遭到彻底的破坏。

明中都皇城午门遗址 / 上

明朝原定都南京。明太祖除了主持建造南京宫殿之外，还建造中都的临濠宫殿。公元1403年，明成祖夺取帝位以后，为了防御蒙古游牧民族的南扰，将首都迁到北京。

明南京故宫内金水河 / 下

明太祖洪武元年(公元1368年)以应天府为南京而建都。洪武八年改建大内宫殿，后逢靖难，宫室遭到破坏，仁宣以降虽稍加修复，终不能恢复明初之旧观。

元朝的统治者曾长期游牧于现今蒙古和黑龙江一带，居住蒙古包。忽必烈登极初期，冬季住在中原地区的燕京，夏季住在草原上的上都开平避暑，上都遗址在今内蒙古自治区多伦西北。至元元年(公元1264年)迁都燕京(即北京)，命名为大都。大都位于华北平原的北端，西北有崇山峻岭作为屏障，西、南二面有永定河流贯其间，属地势要冲，南下可以控制全国，北上又接近原来的根据地，所以元朝统治者选择此地作为首都。

大都由刘秉忠等人规划，他们按古代汉族传统都城的布局进行设计，许多地方是依据《周礼·考工记》的制度，历时八年才建成。城的平面接近方形，南北长7400米，东西宽6650米，北面二门，东、西、南三面各三门，城外有护城河围绕。皇城位于大都南部的中央，皇城的南部偏东为宫城。

皇城中包括三组宫殿、太液池和御苑。宫城位于全城中轴线的南端，为主要宫殿之所在，又称大内。宫城以西为太液池，池西侧的南部为太后住的西御苑，北部为太子居住的兴圣宫，宫城以北则为御苑。皇城除正门承天门外，有石桥与棂星门，往南的御街两侧建长廊，称千步廊，直抵都城的正门丽正门，与宋汴梁和金中都宫城前的布局相似。皇城的东西两侧建有太庙和社稷坛。此乃继承《周礼·考工记》“左祖右社”的布局方法。

宫城有前后左右四座门，四角并建有角楼。宫城内有大明殿、延春阁为主的两组宫殿。这两组宫殿的主要建筑都建在全城的南北轴线上，其他殿堂则建在轴线的两侧，构成左右对称的布局。元朝的主要宫殿多由前后两组宫殿所组成，每组各有独立的院落。而每一座殿又分前后两部分，中间用穿廊联结成工字形，前为朝会部分，后为居住部分，而殿后往往建有香阁。此为继承宋、金建筑的布局形式。

大都的宫殿穷极奢侈，使用许多稀有的贵重材料，如紫檀、楠木和各种色彩的琉璃等。在装饰方面，主要宫殿用方柱，涂以红色并绘金龙。由于他们仍然保持着蒙古人游牧生活习惯，并受到喇嘛教建筑和伊斯兰教建筑的影响，所以墙壁上多挂着毡毯、毛皮和丝质帷幕等。壁画、雕刻也有很多喇嘛教的题材和风格。宫殿建筑多沿用宋的形式，但也有特殊式样，如盝顶殿、维吾尔殿和棕毛殿等，是以往宫殿所未有的。元朝的宫殿十分富丽，在意大利人马可·波罗所著的游记中形容说：“宫墙及房壁涂金银，并绘龙、兽、马、骑士形象及其他数物于其上。……大殿宽广足容千人聚合而有余，房屋之多，可谓奇观。此宫壮丽富赡，世人布置之良，诚无逾此者。顶上之瓦，皆红、黄、绿、蓝及其他诸色。上涂以釉，光泽灿烂，犹如水晶，致使远处亦见此宫光辉。”

明朝开始定都南京。明太祖朱元璋主持建造了南京宫殿，还建造过中都(今安徽省凤阳县)的临濠宫殿，布局和南京宫殿相仿，后以“劳费”为由停建。这两处宫殿后来成为北京故宫设计规划的蓝本。

现存清代的宫殿建筑，以中国末代皇帝曾住过的紫禁城(北京故宫)建制最为宏伟。北京故宫的规模虽肇始于明代，但今日所见的殿宇，多数为清代兴修。其规模之大，面积之广，举世无伦。

规划设计依据

永乐皇帝朱棣在北京建立明朝的第三座宫殿，又称紫禁城。这座中国惟一完整保存至今的宫殿，不仅继承了中国宫殿建筑传统，更吸取历代经验又有所创新，可以说是集中国古代宫殿建筑之大成。它继承了哪些传统？吸取了什么经验？又是如何创新的呢？

1. 天子至尊，国中立宫

中国自古以来，传统观念皆认为中央方位最尊贵，所以要“择天下之中立国(即国都、都城)，择国之中立宫”。选择国都的中心建宫，是最理想的位置。所谓“王者必居天下之中，礼也。”(《荀子·大略》)因此历史上的宫城大多位于都城的南北中轴线上，作为城市的主体以强调它的尊贵地位。但是由于种种原因，很少做到位于中心，大都偏于北侧。到了宋朝吸取前代的经验，把宫殿集中建在一座宫城内，放置在接近都城中心处，将宫城的中轴线和都城的中轴线有机地结合起来，并在宫城外兴建皇城、都城两重城垣及城壕，设置坚固的防卫

系统。元大都的设计者刘秉忠尊崇儒学，所以大都城的规划是仿宋东京的做法，按照《周礼·考工记·匠人营国》所述的制度布局的，但皇城及宫城靠近都城的南部。明朝是在元大都的基础上营建北京城，但略作一些修改。将北城墙向南移2500米，南城墙向南移约500米，使皇城及宫城位置接近北京内城中央略偏南。明嘉靖年间(公元1522～1565年)增建外城，于是宫城南门天安门距南城永定门，宫城北门神武门距北京北城墙，两者都大约有三千多米，距离相近，使宫殿居于北京城中心。紫禁城外有皇城和都城内、外城共三重城垣，两重护城河。宫城中轴线则向南北延伸，南至北京外城南门永定门，北至鼓楼，全长近8000米，而北京城南北总长是8450米。在这条长长的中轴线上，宫城前左侧设代表宗法的太庙，右侧设代表国土的社稷坛，皇城前御路两侧设官府衙署，永定门两侧东为天坛，西为先农坛，将这些皇家主要祭祀建筑及政务部门集中，不但便于皇帝往来，而且使天子所处的中央地区更为显赫。皇城的北边设有市肆。

明朝将紫禁城建在都城的中心，四周按“左祖右社、面朝后市”的布局，成为历史上最符合《周礼·考工记》中所述说周王城的实例。以宫城为核心几乎贯穿北京城南北的中轴线，其宏伟雄壮远胜过宋朝的东京汴梁城，更是周王城中所没有的。

前三殿鸟瞰

北京故宫的设计思想旨在体现帝王权力，其总体规划和建筑形制用于体现封建宗法礼制和象征帝王权威的精神，比实际使用功能更重要。为了显示整齐严肃的气概，主要建筑严格对称地布置在中轴线上，在整个宫城中以太和、中和、保和前三殿为重心，其中又以举行朝会大典的太和殿为主要建筑。

太和门全景

太和门始建于明永乐十八年(公元1420年)，现存建筑系清光绪十五年(公元1889年)重建。其两侧有贞度门、昭德门与之并列。内金水河从太和门前西庑下涵洞流入，横穿太和门前广场，经东庑下涵洞流出。太和门前内金水河上设有五座桥，中央的一座系皇帝通行时专用。

2. 五门三朝，九重天子

在《诗·大雅·绵》中记载周古公亶父在周原设立粗具规模的周国，营建城郭宫室的情况："仍立皋门，皋门有伉。仍立应门，应门将将。"这里提到建立两座高大的门，门在天子的宫室中有什么作用呢?

首先因为天子所在的地方要有最严密的防卫，重重宫墙必然要设门，深宫禁掖闱幕紧闭也要用墙分隔，有门相通。历来有不少学者对宫门的设置进行研究解释。如宋朝朱熹曾说过，传言王的郭门称皋门，王的正门称应门。因为周太王(古公亶父)时没有订立制度，仅做了这两座门，到周有了天下，就把这两门尊为天子特有的门，诸侯不能立。综合各家所说，周朝的制度是天子有五门，即皋、库、雉、应、路。五座门各有其涵义：皋是远的意思；库是有藏于此的意思；雉门是象魏之门，即门的两旁有观，平面呈"冋"形；应是王者出入以应天下的事务；路门是路寝的门，路是大的意思，寝是天子安息的地方，也就是天子大寝的门。按次序排列，皋门在最外，其次是库门，中间是雉门，雉门以内是应门，应门再内是路门。要到天子住的寝宫须经过五道门。

汉朝郑玄说，天子有九门，即在五门之外又加上城门、近郊门、远郊门、关门(《礼记·月令》)。唐朝骆宾王有一

首诗“山河千里图，城阙九重门，不观皇殿壮，安知天下尊。”点出了天子九门的重要性。

其次门与朝有密切的关系。从《周礼》一书中可以看出，周有三朝，即外朝一，内朝二。内朝又分为治朝和燕朝。

外朝的基本内容有举行大典活动：立新君、迁都、国家遇有危难时和百官、百姓商议之“三询”，不过商、周时的百姓是贵族的通称，直到春秋后期才和庶民相通；审理百姓诉讼，依法定刑；把用文字显示的刑法、官法悬在阙上给百姓看。治朝的内容有依法处理诸臣的奏事、万民的上书等，主要是帝王日常朝会治事的朝；燕朝的内容大致是接晤及与群臣议事、宴饮、举行册命及与宗人集会议事等。

周是宗法与政治合一的王权，天子自称是上天的长子，上天给予他土地和臣民，天子又封土地授臣民给诸侯，诸侯向天子朝觐贡献，天子是众民的宗主，要代天保民，如不称职，上天就会改选别人，所以外朝的功能大都和住在国都内的所谓国人有关。周的三朝是因当时的王权设立的。

在古籍及周鼎铭文等的记述中，从周天子等人在献俘、视朝、册命等典礼仪式的行动情况，可以看出门和朝的关系。外朝在宫城最外，以便国人出入，大约是皋门内外；治朝在应门内、路门外；燕朝在路门内。门是朝的分界线。又有记载说，上朝时遇到雨天，天子的衣服全被雨水淋湿，朝就停止。所以三朝中除燕朝有路寝是堂室外，外朝和治朝大概都是庭院。每朝有一“夫”(方100步)那么大，也就是约100米见方的庭院。

秦朝废分封诸侯为郡县制，成立了中央集权皇帝独裁统治的国家。后来各朝代举行大典、视朝、召见大臣等内容及仪式当然不会和周朝完全相同。朝的名称有日朝、常朝、早朝、午朝等，相应的有正殿、前殿、宴殿、便殿等等。但是从周朝开始自南向北纵列的门朝制度，一直影响着后来的宫殿建筑。

下面看一看紫禁城中轴线的布局，便可以了解，虽然门的数目、名称以及朝的设置和周制不完全相同，但基本精神是一致的。

从最南端的大清门(明称大明门、辛亥革命后称中华门)开始进入紫禁城，门上额以国名，可以叫做“国门”。门内有狭长的广庭，每年八月中旬在此判处全国重大的囚犯，称为秋审，霜降前判决处死称为朝审；吏部和兵部在这里抽签选拔调迁官吏；礼部在这里审查会试试卷。职能和周的外朝有些相似。由于社会制度的变化，“三询”的事当然不会再有了。大典活动在三大殿举行。但是判处囚犯、审查试卷是与全国人民有关的事。

大清门内是天安门(明称承天门)，为宫城的外郭皇城的正门，形制高大，外观壮丽，可以说相当皋门。明、清两朝，每

遇大典都在这里举行"颁诏"仪式，诏书由金凤衔着从天安门上悬下来，然后由礼部颁发全国。这和周朝时悬刑法和官法在最外的门阙上，让百姓观看，是不是也有些相似呢？

端门在天安门里，如果按朱熹所解释的五门，相当库门，但明、清两朝皆无"有藏于此"的记载，只是东西有门可去太庙及社稷坛。

午门的东西有两观对耸，平面呈"冂"形，是雉门的形制，而且在它的外面有两座门。明、清时是皇帝接受献俘礼的地方。周朝的献俘礼在外朝举行。举行献俘礼先要祭太庙，而午门距离太庙最近。

午门内有太和门(明称奉天门，后改皇极门)。明朝常朝和"御门听政"在这里。所谓御门听政，就是百官在门前广庭分班侍立，皇帝坐在临时安放在门内的宝座上，听取大臣们奏事，同时也作出一些决定，是治理国家政务的场地，相当周时的治朝，因此太和门相当周制的应门。

进入太和门，就是太和、中和、保和等三大殿，是举行盛大典礼、接受朝贺及燕宴的地方，殿前有紫禁城内最大的广庭，则是百官站班行礼及陈设仪仗队伍等的场所。按周制这些活动是在太庙或路寝进行的，明清的宫殿则为此专设一组最宏伟华丽的殿堂。

乾清门内有皇帝的寝宫乾清宫，相当路门。清朝在门外建了九卿、宗室王公及大臣等的值房，门内又有皇后的寝宫和妃嫔的宫院。正符合周制路门"内有九室，九嫔居之；外有九室，九卿朝焉"的制度。

午门 / 左页

午门初建于明永乐十八年(公元1420年)，现存建筑系清顺治四年(公元1647年)重建。明、清时系皇帝于战争后举行献俘礼的地方。

乾清门

清朝在其门外建了九卿、宗室王公以及大臣等人的值房，门内又有皇后的寝宫和嫔妃的宫院，正符合周制路门"内有九室，九嫔居之；外有九室，九卿朝焉"的制度。

乾清宫

乾清宫始建于明永乐十九年(公元1421年)，后经多次重建，现存的建筑系清嘉庆二年(公元1797年)重建。乾清宫前的甬道与乾清门相通，从乾清门进殿不需要上下台阶，加上周围庭院较小，整个环境呈现出和谐的气氛。

乾清宫是明朝及清初皇帝的寝宫，也兼作听政、召见大臣，以及在元旦、中秋、冬至、万寿(皇帝生日)等节日举行内朝礼和赐宴之处，具有周时燕朝的功能。

大清门外，有北京内城正门正阳门及箭楼，再外有外城正门永定门，加上大清门、天安门、端门、午门、太和门、乾清门，在皇帝居住的寝宫前，共有九座南向的门。

3. 前朝后寝，六寝六宫

紫禁城是按前朝后寝的布局分区，亦即宫城南半都是举行大典、皇帝视朝、文武官员出入的地方。北半部是皇帝及其家族生活起居的场所，以乾清门为界。所以清朝把乾清门以南称外朝，以北称内廷。

"前朝后寝"一直是中国宫殿布局的基本次序。如果追究来源，在西安半坡遗址原始社会的住房中，就可以看到在一个房屋内，前部空敞为堂，后部分隔成三间小居室，呈"前堂后室"的空间格局。这个形式逐步演变扩大，在商周的宫室遗址，便可见到堂和室各自成为独立的房屋，一前一后地排列着，如同紫禁城内东、西六宫院中的前后两殿。以后虽然宫殿建筑空间繁复庞大，"朝"、"寝"本身都是由许多建筑物组合而成，但是总的分区仍然按前部是朝，后部是寝。

朝是王权的象征，主要设置朝会的庭院与典礼的殿堂，紫禁城的前朝太和、中和、保和等主要殿堂两侧庑房，有相当大的部分是库房，储存各种进贡的食物、盔甲鞍辔、绸缎、瓷器、铜器、裘皮及银两等。在东部还有专门管理皇帝乘坐御马的地方，并设有马厩，明时叫御马监，清称上驷院。因为从“礼”来要求，“君子营宫室，宗庙为先，厩库次之，居室为后”。宗庙是祭祖先的地方自然要放在最前，然后是养畜的厩、存物的库房，以表示用物不缺、丰盛吉祥的意思，所以这样的安置也是有《礼记》上的根据。

后寝也就是清称为内廷的地方，主要是居室以及生活娱乐之花园等建筑。

最早的宫寝制度是怎样规定的呢？根据《周礼》来看，上面有“六寝”、“六宫”的记载。还有君王日初视朝，退到路寝听政，然后又到小寝更换衣服的记述。所以王的六寝又分为一路寝、五燕寝。路寝是大寝，兼做接见群臣日常治事；燕寝是小寝，有嫔妃侍寝，才是皇帝居住休息的地方。妇人的寝称宫，有隐藏的意思。皇后的宫和皇帝一样也是六宫，正寝一，燕寝五，而且正寝也有议事的功能。

至于六宫、六寝如何布局？有的说正寝在前，五燕寝分居在后面东北、西南、东南、西北四个位置，皇帝按春、夏、秋、冬四季分别居住。皇后的宫在皇帝寝的北方，所以又称北宫。由于缺乏更详细的资料，具体的布局就不好说了。

紫禁城内后寝的布局，基本上遵循上述的精神。

乾清宫是皇帝的正寝，位于相当周制路门的乾清门内，兼作听政的地方。如清初顺治皇帝诏徐文元、张若霭等人入乾清宫，皇帝光脚穿苏州草鞋，身着薄纱单衣裳，命令三臣升殿，显然是在比较随便的场合接见大臣的。

明朝兴建时，乾清宫以北只有坤宁宫，是皇后居住的宫，后来才建交泰殿。帝及后的正寝居于中轴线上前朝的后边，左右侧各设宫院六处，称为东六宫和西六宫。

宫中嫔妃有多少？按周制是，天子一后、三夫人、九嫔、二十七世妇、八十一女卿，计一百二十一人。传说历史上奉行一夫一妻制、仅立一位皇后的惟有隋文帝一人。明朝有皇后、皇贵妃、贵妃、嫔、选侍、夫人、婕妤、昭仪、昭容、美人等称号。嘉靖是妃嫔较多的皇帝，载入史册有封号的仅妃三十三人、嫔二十六人，没有名位封号的尚不知

钦安殿

钦安殿位于御花园北部，建于明嘉靖十四年(公元1535年)，内供奉水神玄武大帝。

有多少。清朝康熙年间确定的皇妃制度是，皇后居中宫(乾清宫)，主内治，皇后以下设皇贵妃一、贵妃二、妃四、嫔六；分居东西六宫，佐助皇后治理内廷，此外还有无固定额数的贵人、常在、答应，随皇贵妃等居十二宫。但康熙本人亦未照章行事，除没有规定额数的贵人、答应、常在外，皇后至嫔就有三十三人，大大超出规定，但他还说本朝从俭，仅为历代的百分之一。

4. 阴阳五行，象天立宫

“阴阳”的本来含意是指日光的向背，也就是向日为阳，背日为阴。《易经》提出“一阴一阳之谓道”，把阴阳视为说明万物变化的规律。哲学上认为，一切事物都有互相对立、互为依存的阴阳两面。如方位有上下、前后、左右，数目有奇数、偶数等。

“五行”二字，相传在由孔子编选的儒家经典《尚书》中已有记载，是把生活实践中最常接触的物质归纳为木、火、土、金、水五大类。后发展为阴阳与五行、堪舆及天人感应等学说结合，内涵也逐渐丰富，于是色彩中有青、赤、黄、白、黑为五色；方向中的东、南、中、西、北为五方；生化过程有生、长、化、收、藏；五音有角、徵、宫、商、羽；以及季节春、夏、秋、冬等。又有“相生”，木生火、火生土、土生金、金生水、水生木；“相胜”，木胜土、土胜水、水胜火、火胜金、金胜木，所谓“相克”之说。这些学说流传整个古代中国社会，并认为是天地之道与万物之纲纪，它们之间的关系必须理顺，否则就会带来灾难和不祥，如此一来更具神秘色彩。建筑是一项重要的社会活动，自然离不开这些思想的规范与运用。

总体布局中各宫殿方位的安置，前朝位南，从火属长，正适合做施政的场所；后寝在北，从水属藏，宜做寝居之地。凡属于文治方面的宫殿在东，从木，从春，如内阁大堂、传心殿、文渊阁，殿名也是文华殿、文楼等。属于武备方面的宫殿多在西，从金，从秋，殿名如武英殿、武楼等，军机处原为武职衙门，在乾清门西。

前朝皇帝的遗孀太后、太妃的生化过程属于收，从五行来说属于金，方位在西。汉代开始，太后宫多置于西侧，明、清紫禁城内的慈宁宫、寿安宫、寿康宫亦位于西侧。皇子年幼属五行之木，生化过程属于生，古代皇太子的宫称为东宫，明初建的文华殿原是太子的东宫，清乾隆年间建的皇子宫南三所，方位也在东。北属于五行中的水，由于木构造

后三宫屋顶

汉武帝时确立汉居土德，黄色遂成为汉朝皇权的象征。以后元、明、清均以黄色为贵，所以紫禁城内的屋顶多用黄色，黄色属土，土方居中，代表国家。

建筑易遭火灾，故于中轴线北部的宫后苑北端建钦安殿，内供奉水神玄武大帝。殿前正门名“天一门”，取“天一生水”之意。殿的白石台基北面中央一块栏板特做成双龙戏珠水纹，和其他栏板穿花龙纹不同。从相胜之论来说，水可以克火，寓意避免火灾以取吉祥。

前朝位于南部属阳，宫殿布局疏朗开阔，建筑气势雄伟，符合文武百官集会朝贺的功能，显示着阳刚之美。中轴线上纵向设三座殿，横向又以太和殿为中心，左有文华、右有武英三组宫殿，都用了奇数三，寓意三辰、三垣。内金水河有五座桥。踏跺(踏步)级数、台基和坎墙砌砖的层数也都用奇数。

后寝位于北部属阴，宫室布局紧凑，建筑体量比前朝小，装饰轻巧，富有生活气息，呈现阴柔之美。在明朝初建时，中央仅有乾清、坤宁两宫，左有东六宫，右有西六宫，合为十二宫；在千婴门、百子门之北，布置了东、西五所为皇子的住处，用了奇数五，这是为了取“五子登科”的吉祥寓意，而古代阴阳学说认为善补阴者当从阳中求阴，东西合在一起恰为阴数十。宫墙下肩砌砖层数和踏跺级数也是偶数。

由于事物的复杂性，阴阳又可划分为阳中之阳、阳中之阴、阴中之阳和阴中之阴。三大殿中为首的太和殿，一切规格都是最高等级，最为巍峨壮观，可称为阳中之阳；乾清宫屋顶、殿前御路、丹墀陈设、室内天花藻井等和太和殿有共同之处，但略逊一筹，可谓阴中之阳；乾清宫和坤宁宫，同位一座台上，前者是须弥座、汉白玉石栏杆，后者是青砖台基、琉璃灯笼砖栏杆，成为阴中之阳和阴中之阴的不同处理。太和门前两侧朝房各为二十四间，端门两侧朝房各为四十二间，天安门两侧朝房各为二十六间，都是偶数，其间门的间数是奇数，加在一起总和又是阳数，是为阳中之阴，因为朝房是臣子用的。阴阳的变化和礼制等级相融会，是宫殿建筑千变万化的指导思想。

颜色与五方的相应关系为“东方谓之青，南方谓之赤，西方谓之白，北方谓之黑，天谓之玄，地谓之黄”。周代居

宁寿门及皇极殿鸟瞰

宁寿门位于皇极门北面，建于清乾隆三十七年(公元1772年)。门前有一对镏金铜狮，两旁有八字形照壁。皇极殿系宁寿宫建筑群的前殿，其形制略低于太和殿而与乾清宫相仿，前面有高出地面1.6米、宽6米的甬道与宁寿门相连。

火德，以红为尊，《礼记》规定“楹天子丹”。汉武帝确立汉居土德，黄色遂成为汉朝皇权的象征。以后元、明、清均以黄色为贵。所以紫禁城内的屋顶绝大部分用黄色，黄色属土，土方居中，代表国家；又以相生之说，火生土，火为赤色，土为黄色，所以柱、门、窗多用红色；寓有滋生、助长的意思，以示兴旺发达。清乾隆建立的南三所，因为是太子所居，位在东，属木，用绿色琉璃瓦，所以古代也称太子宫为“青宫”。神武门内东西大房，位居紫禁城最北，用了黑色琉璃瓦顶。

古代以紫微星垣为上天的中心，是天帝居住的地方，皇帝为天帝的儿子，居住的宫称为紫宫，因为皇宫禁卫森严，秦、汉时又称为禁中。明代的宫城称紫禁城，就是取象于皇帝所居紫微星垣的意思。后寝的宫殿，以乾清、交泰、坤宁居中。乾、坤是《易经》中的两个卦名，“乾之象为天”，“坤之象为地”，交泰意“天地交而万物通也”。东有日精门，西有月华门，以天地日月作为后寝的中心。除宫殿的命名以外，东西六宫合为十二，加上乾清、交泰、坤宁两宫一殿，合为十五，正符合紫微星垣有十五星辰的数。而东西五所合为十，恰为天干数。总之从各方面把皇帝及其家族居住的地方，比拟为人间的天堂。

紫禁城所处的是一片平坦地面，没有山也没有水，明代初建时疏浚了西苑及玉泉山的水，由西方流入皇城及宫中，称为内、外金水河，因为西方属金，金生水。又将修护城河及挖太液池的土方堆成高52米的景山，置于元朝宫殿的上面，寓意厌胜前朝，于是形成了“背山面水”风水观念中选址的基本格局。景山如同一座自然的绿屏，屹立在后廷的北边。蜿蜒穿过前朝的内金水河，成为宫中的主要水源和雨水池道。

宫殿设计必须考虑十分周到，设计者得心应手娴熟地运用阴阳五行、天人感应、堪舆风水等学说，指导紫禁城总体布局和宫殿建筑设计，无论从哪个角度来解释，都是顺理成章大吉大利。

5. 木构建筑，庭院组合

按照中国建筑体系的组织规律，以间为基本单位，构成单座建筑，单座建筑又组成庭院。紫禁城有上千座建筑，九十多个庭院，庭院纵向排列形成一条条南北轴线，以中央轴线为主，贯穿宫城南北。前朝又以太和门为中心，和东侧的文华殿、西侧的武英殿，形成一条横向的东西辅助轴线。清朝在乾清门以东建了一组以皇极殿为主体的宫殿，为太上皇居住，乾清门以西扩建了以慈宁宫为主体的一组宫殿，给皇太后们居住，形成了两条轴线。后寝在乾清宫左右，由东西六宫及东西五所又形成若干条次要的南北轴线，布置成拱

太和门侧面

太和门明初称奉天门，嘉靖时改称皇极门，清初才称太和门，面阔九间，下为白石台基，上为重檐歇山顶，梁及额枋等为金龙和玺彩画。

卫在中轴线两侧的格局。脉络清晰，主次分明。

中央的主轴线上，自南向北，安设主要朝寝建筑，南从大清门起，北到景山上，长达三公里多。以中国北方四合院式布局为基础，但比一般的庭院大得多，可称为“广庭”。至于单体建筑，大多形体简单，虽然各有局部差异，总体而言却彼此相似。所以除对单体建筑进行精心处理外，更主要是在整体空间的组合与环境的衬托上下功夫。运用中国传统的美学意识，根据不同的要求，创造组织广庭的空间，通过各种手段体现雄壮庄严的景观，使人在情景交融中产生一系列的感受，激发对帝王由衷的惧慑和崇拜，是构思的出发点和归宿。

空间是以递增的序列趋向宫殿主体建筑——三大殿。

大清门内是宽60米、长550米的深邃狭长御路，近天安门处加宽成350米，以展现天安门。天安门内是东西宽110米，略成方形的封闭广庭。端门之内，虽然宽同前，但长是前者的三倍，然后午门展现在前。午门内广庭宽为200米。进入太和门内，虽然广庭宽同前，但是南北比前者深一倍，成为紫禁城内最大的广庭；中央坐落着三大殿，这就是由三次展扩并以一轻一重旋律前进的空间系列所引来的高潮。

高潮之后又以递减的空间收敛。后寝的二宫一殿，虽然组成的广庭和三大殿相似，但是长宽都仅为它的二分之一。

随着广庭的扩大，建筑也作相应的变化。并且运用具有寓意的构筑物及陈设，蕴育不同的环境气氛。

大清门仅是面阔三间的屋宇式大门，两侧是俭朴等间距的朝房，具有引导向前的趋势。

天安门位于城台之上，城楼面阔九间，进深五间，具有九五之尊的格局，通高33.7米，这样的建筑只能用于帝王的宫殿。前有外金水河，上架五座拱桥，比喻鹊桥横渡银河。门内、外各设一对华表，标志着此处是皇城正门。广庭上桥与河的勾栏纵横交错，华表挺拔高矗，白色的汉白玉石雕烘托着红墙黄顶、金碧辉煌的天安门，显示皇家特有的雄壮富丽气派。

太和殿前鎏金铜缸局部 / 左

紫禁城内主要建筑附近的水缸皆以铁或铜铸造，重要铜缸外均镀金，缸的两旁有兽头含着缸耳。

太和殿前鼎炉 / 右

鼎炉一方面象征封建皇帝的威望与业绩；另一方面可在其内焚香，每逢宫内大典，燃起香火，烟雾缭绕，增添典仪的气氛。

端门的形式和天安门完全相同，在逐渐增高加大的建筑中出现一次重复，为继而出现的高潮作一伏笔。

午门是阙门，自古以来就是宫殿特有的门，通高37.95米，是紫禁城内最高大的建筑。由于是宫城正门，不仅壮观，也兼有防卫的功能，面对三面红墙环抱、巍然高耸的午门，令人感到冷峻肃穆、威慑森严。

太和门仅高23.8米，低于午门，因为它不是城门，没有城台，不再以高来表现它的尊贵，而是以水平方向的组合，加强太和门的重量。内金水河横穿而过，门前一对铜狮分踞两侧，广庭内凝聚着端庄宁静的气氛。

三大殿高踞于太和门内的广庭中，坐落在三台之上。为首的太和殿是紫禁城中轴线上居于最高位置的建筑，殿前台阶两侧放置鼎炉，台上陈设日晷、嘉量、铜鹤、铜龟，象征山河统一永固，长寿万年。每遇大典，龟鹤腹内燃香，口中吐出袅袅香烟，炉内也燃香。从丹陛伏身仰望，太和殿在一片云烟缭绕之中，黄琉璃瓦庑殿顶闪烁熠熠的亮光，映在广阔无垠的蓝天上。此景怎能不触发文武百官对帝王无上崇拜之情呢!

按照中国礼仪制度的观念；反映在建筑中，越大、越高、装饰越华丽就越尊贵。就如《礼记·礼器》所说：

“礼，有以多为贵者，有以大为贵者，有以高为贵者，有以文为贵者。”紫禁城中的建筑，除午门形制特别外，以太和殿为最尊贵，开间最多，面积最大，装饰最华丽。其他殿堂，诸如体量大小高低、屋顶形式、彩画规格、斗栱出跳等都相应有所降低。正因如此，才使外形都差不多的建筑，在细部又有所变化。正殿两侧的配房也随中央建筑相应变化，不使差距过大。为使分散的单座建筑取得视觉上的统一，屋顶、柱子、门窗、彩画都采用共同的色调。

中国儒家哲学认为“礼辨异”、“乐统同”。如果以之来解释中轴线的设计，有如将因礼而形成各有等级差异的建筑与空间，运用微差的手段，谱成一首韵律协调、节奏简明的乐曲。从大清门到午门以简单的韵律为前导，天安门与太和门是高潮的前奏，太和殿等三大殿雄伟的强音是高潮，三大殿后以减弱的重复为尾声，最后以景山重力一击为结尾。

享有盛誉的美国城市规划专家培根曾赞誉说：“在地球表面上，人类最伟大的个体工程，可能就是北京城了。……从永定门直到前门一路上建筑低矮、质朴、色彩简单、素净，经过前门后，一层层空间，逐渐推向高潮，等见到古老皇宫的主要建筑物——太和殿时，我不禁赞叹不已，太了不起了。我发现太和殿作为建筑本身并不高大。西方宫殿的体量远比它要大得多，可是太和殿为什么感到如此雄伟、壮观

角楼鸟瞰

角楼最上层的屋顶由四个歇山顶组合而成，四个歇山顶山面朝外，正脊交叉呈十字，中央有一个镀金宝顶；中层屋顶是在四面抱厦上作歇山顶，山面也朝外；下层屋顶只是中层歇山屋顶的腰檐。这样复杂的组合使整座角楼的七十二条屋脊纵横相连，多角交错。

角楼及护城河

护城河环绕在紫禁城的四周，是宫城的第一道防线，高大的砖砌城墙，耸立的城楼，还有四角的角楼，构成坚固的护卫屏障。

呢？从这里我领悟了一条建筑设计的基本原则：重要的不是建筑本身，而在于周围环境的衬托，在于事先空间序列的渲染和感受。我运用在中国学到的这些原则来处理费城的规划，取得了成功。”

主要建筑设计

北京故宫的庞大建筑群体，不仅是一国政权的象征，也是皇族贵胄生活所在。为了显现帝王之尊崇、庄严及不可侵犯，于是帝后的朝殿、寝居、休闲及祭祀的设施尤非等闲，而在因应四时变化的需要方面，也有诸多相应的设计。

1. 城池

宫城在古代又称“禁中”，禁卫森严，以保证皇帝的绝对安全。所以紫禁城城垣高垒、壕池深陷，设置了“固若金汤”的城池。

宫城外围绕的护城河，驳岸陡直，用条石砌筑，下面铺巨大的石块，宽52米，深6米，所以又叫“筒子河”，就是河水干涸了，也难以越过。

城墙由底到顶面高9.9米，底面宽8.62米，顶面宽6.6米，顶面外侧有雉堞，内侧砌女儿墙；墙身表面砌的砖已经过砍磨加工，所以砌成后没有砖缝，平滑坚实，既美观又不容易攀登。

城墙每面有一座门，南面正门是午门。午门城台高出城墙3米，台上正中门楼面阔九间，进深五间，采用最高等级的庑殿式双重檐、黄琉璃瓦屋顶，内设宝座，举行献俘礼时，皇帝将亲临此地。门楼两侧廊子内置有钟、鼓，遇大典和皇帝出入时，则按规定鸣钟击鼓。突出的两翼各有廊庑十三间，俗称“雁翅楼”。雁翅楼的两端又各有一座攒尖顶阙亭，三面环抱，五峰突起，形态如同朱鸟展翅，因位于“四象”中南朱雀的方位，所以又称“五凤楼”。

东、西、北三面的门各称为东华、西华、神武。这三座门形制相同，都是在城台上建面阔七间的城楼，黄琉璃瓦重檐庑殿顶。东华门和西华门外各有一座下马碑，上面有汉、满、蒙、回、藏五种文字的“至此下马”。东华门平常是朝臣和内阁官员出入宫城走的，清朝皇帝死后移向梓宫(即景山寿皇殿)多从这个门出。西华门是宫中有大典活动时人们出入之门，皇帝及后妃从西边的苑囿回来亦由此进宫。北边是“四象”中的玄武方位，历史上不少宫殿的北门都称玄武门。神武门原名也叫玄武门。后因避讳清朝康熙皇帝玄烨的名字才改的。因为这里靠近后寝，城楼上设有起更报时的钟、鼓。清代选秀女、皇后祭先蚕坛、宫女与工匠等人出入均走此门。清朝末代皇帝溥仪也是从这座门离开紫禁城的。

城垣四角各有一座角楼，是为登临瞭望防卫用。由于它的结构精巧，造型玲珑，对紫禁城起了非常重要的装饰作用。四座角楼形制相同，由地面至室顶高27.5米，平面是每

太和殿内皇帝宝座

皇帝宝座位于太和殿中央开间的后半部，在四根缠龙金柱之间。宝座下面是有七层台阶的高台，宝座上中央为皇帝的御座大椅，椅后为七扇面的屏风。

边面阔三开间，长8.73米的正方形，四面出抱厦，三重檐歇山顶，共由八个歇山顶组成，所以有八九七十二条脊。传说当年营建角楼时，设计者废寝忘食地思考，也想不出一个理想的式样。此事感动了建筑工匠的“祖师”鲁班，于是他手持一个养蝈蝈的笼子下凡到人间，出现在设计者面前，设计人一看这个笼子顿然领悟，于是仿照设计，建成了美丽的角楼。这虽然是神话故事，却反映了人们对角楼怀有神奇的感觉。

2. 前朝各殿

前朝中央和太和、中和、保和三大殿(明初建时称奉天、华盖、谨身，后改皇极、中极、建极)，四周围绕庑房，四角各有一座崇楼，形成宫中又一座“城堡”。南面三座屋宇式大门，中间的太和门是九开间重檐歇山顶建筑，为宫中等级最高的门。东边协和门通往文华殿，西边熙和门通往武英殿。太和门南有内金水河自西向东流过，和皇城天安门前相似。

太和殿　其命名寓意天地间一切事物的关系都相互协调。它是紫禁城内最大的殿堂，也是中国现存木结构古建筑中规格、体制最高，且面积最大的一座。通面阔60.01米，进深33.33米，以四柱为一间计算共55间。基座面积2377平方米，大的柱径1.06米。从地平(包括三台)到大吻上皮通高37.44米，是宫中位置最高的建筑。

太和殿自明初建成后屡遭火灾，曾七次重修，现存的建筑是清康熙三十四年(公元1695年)开工，三十六年七月建成的。

殿内正中设皇帝的宝座，宝座上有藻井，四周围绕六根金漆龙柱，前有表示江山永固及寓意吉祥的陈设，每逢大典，室内燃香。室外从丹墀起(殿外的平台)，陈列皇帝的仪仗队伍，称“卤簿”，由五百多件金银器，木制的斧、钺、爪、戟等武器，以及伞、旗等排列组成，经过太和门、午门、端门，直到天安门外。康熙皇帝时的卤簿需用三千多人。

中和殿　系方形平面，采用亭子常用的攒尖顶、周围廊，在前后两殿之间，产生若断若连的效果。三开间，台基每面长24.1米。殿内设有宝座，是皇帝在大典前暂时休息的地方。

文渊阁

文渊阁位于紫禁城前朝三大殿东面文华殿以北，建于清乾隆三十九年(公元1774年)。屋顶覆以黑色琉璃瓦绿剪边，正脊上有海水龙纹雕饰，前后立柱均为绿色。在一片屋顶覆以黄色琉璃瓦的宫殿建筑群中，文渊阁的色彩和装饰处理十分突出。

保和殿 在明朝是册立皇后、太子，大臣称贺上表，皇帝亲临受贺前穿礼服戴冕之处。清朝时是皇帝宴请王公和举行殿试的地方。殿的建筑规格略逊于太和殿，九开间，台基长49.68米、宽24.97米，室中央设宝座。因为采用“减柱造”，省去六根柱子，殿内比较开阔，装饰彩画和太和殿内重金色不同，偏重红色。

清朝的殿试仪式隆重，皇帝亲自定题并亲临考场。考试的贡生们在殿内两旁的试桌答卷，天黑以前交卷，供给两餐简单的饭食。

文华殿 位于前朝太和门东，建于明永乐十八年(公元1420年)，明末毁于祝融；清康熙二十二年(公元1683年)依旧制重建。前文华殿，后主敬殿，位于1.5米高的工字形台上，台前有月台。文华殿面阔五间，通长32.5米，进深三间，黄琉璃瓦歇山顶，单翘重昂斗栱，金龙和玺彩画；主敬殿形制和前殿基本相同，只进深略浅，斗栱单翘单昂。左配殿本仁、右配殿集义，都是五开间，黄琉璃瓦，悬山顶，一斗三升交麻叶斗栱。外绕以红墙，呈长方形。文华门位于南面中央，这是紫禁城内比较典型的宫殿布局。也就是庭院正中按“前朝后寝”，设一前一后两座殿堂，东西设配殿，配殿的规格、体量相应地降低。

清朝在文华殿以东建了传心殿，供奉伏羲、神农、轩辕、尧、舜、禹、汤等先师先王及周公、孔子的牌位。乾隆时又在殿北建了藏书的文渊阁，于是明初太子居住的东宫，此后成为经筵之处，即皇帝亲临讲解四书五经的场所。

经筵自宋代起就是为皇帝讲解经传史鉴特设的讲席。经筵的前一天，在传心殿向圣人及先师祭告；经筵当天，皇帝从乾清宫进文华殿，至文华殿丹陛上降舆升座，执事诸臣，在丹陛内行礼；由大臣讲五经四书，后由皇帝说明书义。礼仪完毕，设宴招待大臣，宴设协和门，有时在文华殿东配殿。乾隆四十一年(公元1776年)后，经筵改在文渊阁举行。

文渊阁　系宫内最大的藏书楼。明代的文渊阁建在文华殿前，贮藏宋元版旧籍及当朝《永乐大典》，后来因为火灾被焚毁。乾隆三十九年(公元1774年)，在文华殿后原明代济圣殿(祀先医之所)旧址上另建文渊阁。它是参照浙江宁波天一阁的形式，面阔五间，西侧多出一个楼梯间，也就是传说中宫内有九千九百九十九间半房屋的那个半间。面阔34.7米，进深三间，加前后廊共17.4米，外观二层，实为三层，上下层中间有一夹层，阁顶覆以黑色琉璃瓦、绿剪边、歇山顶，顶正脊以绿色琉璃瓦衬底，上为紫色游龙，镶白色线条花琉璃，清水磨砖丝缝墙面，绿琉璃垂花门，深绿色油漆立柱；额枋上绘有“河马负图”、“翰墨册卷”等题材的苏式彩画。这样的彩画和装饰，在紫禁城内是惟一仅有的；和沈阳故宫内的文溯阁基本相同。绿色属木、木生火；黑色属水，水克火；龙为阳物，“出则湿气，蒸然成云”，这些都是取防火灾保平安的意思。由于用这几种冷色调搭配在一起，反而使文渊阁显得十分幽雅。

文渊阁周围种植苍松翠柏，湖石叠山。内金水河从阁前流过汇集成池，犹如文庙前的泮池，池上架白石桥，以卵石和片石铺砌人行甬道；东侧有座碑亭，用盝顶翼角反翘，仿江南建筑形式，亭内碑上刻有乾隆撰写的《文渊阁记》。阁内藏清代乾隆年间编成的《四库全书》、《四库全书总目考证》、《古今图书集成》等，分装在楠木书匣内，放置在上、中、下三层的书架上。阁的明间，迎面是二层的仙楼，两侧以书架为隔断，正中放“御榻”，供皇帝在阁内举行经筵时用。

武英殿 其布局及殿堂建筑，基本和文华殿相同。明初皇帝起居时住在这里，并于此召见大臣。清初顺治未到北京之前，多尔衮在这里办事。李自成称帝时也曾住在这里。殿的西北有一座面阔三间的殿堂，称为“浴德堂”。在它的北部有一个穹顶建筑，内部用白瓷釉条砖垒砌，顶上开一个圆的通风采光口，还附设有热水给水管道。传说这是乾隆为宠爱的香妃所建之土耳其式浴室，穹顶建筑的构造的确很像伊斯兰教建筑所常用的形式。但是根据近年来学者们的考证，香妃本无其人。乾隆仅有一位来自回部(即维吾尔族)的容妃。书上记载武英殿在乾隆时是修书处，所印的书称为殿本书，《四库全书》、《古今图书集成》就是在这里编印的。有的史学家认为此建筑可能是元代的遗物。

3. 后寝各宫

后寝各宫的外面围绕着高大的红墙，周长1500米，原建时仅有乾清、坤宁、苍震、长庚四座门出入。乾清门是后寝的正门，门内和前朝完全不同。层层红墙，重重宫闱，宫室栉比鳞次，街巷横竖交错。

乾清宫 系后宫各室之首。面阔九间，通长49米，进深21.5米，高24米，殿内设宝座。永乐十九年(公元1421年)建成后，也几经修葺，现在的乾清宫是清朝嘉庆年间重修的。

乾清门前鎏金铜狮

在紫禁城内，明、清两代铸造的铜狮共有七对，每对左边的是雄性，伸出右爪玩弄绣球；右边的是雌性，伸出左爪玩逗幼狮。

乾清宫前江山社稷亭

亭为铜制镏金，平面呈方形，亭顶上圆下方，象征天圆地方之意。亭坐落在方形石台上，台分三层，上饰以海水江崖图案。古时"江山社稷"是国家政权的代称。

乾清宫前鼎炉

乾清宫是皇帝的寝宫，为九五之尊的建筑体，因此亦与太和殿相同，在宫前设置鼎炉，以象征江山社稷。

《易经·序卦》："乾，天也，故称呼父。"《老子·道德经》："天得一以清。"乾清即寓意皇帝统治天下清平。

乾清宫前的布置陈设和太和殿有共同之处，但是建筑布局不同。乾清宫前没有东西配殿，但在殿的东侧有昭仁殿，明朝末代皇帝崇祯的女儿昭仁公主就住在这里；西侧有弘德殿，万历皇帝曾在这里召见大臣，后来病死在弘德殿。昭仁殿和弘德殿都只是歇山顶，仅有东西六宫正殿的规格，对乾清宫来说，如同两侧耳房。古籍《尔雅·释宫》解释："无东西厢，有室曰寝。"乾清宫的设计，可能就是附会"寝"，以区别于前朝的殿。

乾清宫是皇帝居住、办事的地方，所以宫廷内的明争暗斗也常在这里发生。例如，明嘉靖三十一年(公元1542年)，宫婢合谋用绳勒死嘉靖皇帝，只因误结了死扣，皇帝才免于一死，但被勒受惊的嘉靖皇帝吓得离开乾清宫，移到紫禁城外西苑去住，直到病危濒死才回到乾清宫，历史上称为"壬寅宫变"。明万历四十八年(又称泰昌元年，公元1620年)皇帝"驾崩"于乾清宫弘德殿，皇太子朱常洛即位，因病吃了"仙丹"、"红丸"药，仅做了29天皇帝就死于乾清宫。有人怀疑这是因为夺帝位，由万历的郑贵妃指使下毒而死，历史上称为"红丸案"。泰昌皇帝朱常洛死后，由其长子朱由校即位。抚养朱由校的李选侍，原是泰昌的宠妃，想利用新皇帝年幼为名，和魏忠贤勾结，要和皇帝同住在乾清宫临朝听政，后来经大臣们力请，才由乾清宫移出，历史上称为“移宫案”。

交泰殿　其形制和中和殿相仿，但规模较小，属方形攒尖顶建筑，面阔三开间。殿名源自《易经·泰卦》“天地交泰”，意为天地相通，一切和谐。清朝逢元旦、千秋(皇后的生日)等节日，嫔妃及皇子等在这里向皇后行礼。清朝的皇后按规定主内治，地位崇高，实际上并不主持什么事。后廷的事都由内务府和敬事房管理。如清朝在交泰殿放有行使各种权力的二十五宝(印玺)，但并非由皇后管理。皇后在册封时虽然发给金宝、金册，然仅是象征性的，没见过哪个政令上使用过皇后之宝。皇后只有在大婚时坐在轿子里从前朝穿过，此后就一直住在后廷。就是慈禧太后垂帘听政，亦未有到过前朝三大殿的记载。

坤宁宫　其形制和乾清宫相同，只是规模略小，面阔45.5米，进深17米。在明朝是皇后住的地方。宫名源自《易经·序卦》：“坤，地也，故称为母。”《老子·道德经》：“地得一以宁。”坤宁和乾清相对，象征天清地宁，国家太平，统治长久。作为皇帝和皇后寝宫的名称，从明朝南京故宫直到清朝，一直没有变动。但是建筑却在清朝顺治十三年(公元1656年)按满族习俗仿沈阳故宫内清宁宫的形

体和殿内景

体和殿所在位置原为储秀宫的大门，嘉庆年间改建成体和殿，慈禧住在储秀宫时，在这里用膳。光绪十三年(公元1887年)慈禧在这里为光绪皇帝选了隆裕皇后及珍妃、瑾妃，室内设有花梨木玉兰花落地罩，布置典雅。

储秀宫

原名寿昌宫，建于明永乐十八年(公元1420年)，嘉靖十四年(公元1535年)改为储秀宫。外檐采用以花鸟鱼虫、山水人物、神话故事为题材的苏式彩画。

式，把菱花窗改成吊搭窗，东次间的扇门改成木板门，房门不在中间而在东侧，成了“口袋房”。室内西侧增添煮肉的火锅，火炕呈“匚”形，即所谓的“蔓枝炕”，作为崇奉萨满教的祭祀场所。宫前月台上立逾4米高的祭神杆，它的意义和作用与沈阳故宫清宁宫院内的索伦杆相同。

坤宁宫室内东侧改成皇帝结婚的洞房。清朝大婚的礼仪十分繁缛，如光绪大婚，在太后和宗室、王公大臣议婚选定皇后之后，首先向皇后家纳彩礼，然后再送一次礼，叫大征礼；皇帝遣官祭告天地和太庙，再行册立，奉迎礼。这一天举国上下都要张灯结彩庆贺，皇宫内红灯高照，太和门、太和殿、乾清宫、坤宁宫皆用彩绸结搭喜字牌楼，并贴门神、对联等点缀一新。午门至太和门陈设皇后的仪仗队伍(称皇后仪驾)。吉时，皇帝着礼服到太后宫行礼，然后升宝座，遣使节到皇后家，在举行一系列的礼仪后，皇后在前导后拥浩长的仪仗队伍中，乘风舆(轿子)进大清门，经天安门、端门、午门、太和门、中左门、后左门、乾清门，在乾清宫前下轿，步行到乾清宫后槅扇门，换乘孔雀顶轿子，进入钟粹宫，完成奉迎礼；古时，皇后乘轿入坤宁宫东暖阁，与皇帝行合卺礼，居住两天后，皇帝回居养心殿，皇后随居体顺堂。

东西六宫　均建在每边长50米的正方形地基上，采取一正两厢，前后二进三合院的格局，四围院墙。按照宫殿的体制大门在南居中，不设倒座房。依“前朝后寝”的制度，设前后两殿。一般前殿作为起居室，两侧设卡墙；后殿为寝室，两侧设侍从住房；两厢房后设“更道”；院内有水井。这种布局和北京民间的四合院基本一致。前殿一般采取五间歇山顶做法，仅东六宫东北的景阳宫、西六宫西北的咸福宫例外，改用三间庑殿顶。各宫之间有纵横街道联系，南北走向的一长街宽9米，二长街宽7米，东西横巷宽4米，街巷的两端都设有门。东西六宫布局原本相同，在嘉靖年间，将长春门与储秀门拆除，改成过厅式的体和殿与体元殿，成为现在的格局。这些宫室的名称前后有过几次变更，但总离不开平安吉祥、福寿贤淑等寓意的词句。

坤宁宫内洞房

坤宁宫东暖阁系皇帝大婚时洞房。明代坤宁宫是皇后居住的中宫，清代因以坤宁宫西半部作祭神的场所，每天在坤宁宫内杀猪煮肉，不便常居，但为了因袭皇后正位中宫的制度，洞房仍设于此，合卺宴也在坤宁宫举行。

清《光绪大婚图》

左上为大清门。左下为太和殿，殿前的丹陛上和丹墀内，陈设仪仗队伍，文武百官在丹墀上，行跪拜礼向皇帝朝贺。右为慈宁宫。

遵义门 / 左

这是由西一长街通往养心殿的大门，门内正对面有一座琉璃照壁。照壁上有黄琉璃瓦顶；壁面中央盒子及四个岔角都有突出的琉璃装饰；照壁下面是白石须弥座。

长春宫入口 / 右

长春宫属于西六宫，南为体和殿，北则隔宫门与咸福宫相望。因为长春宫入口宫门，采仿木构形式的琉璃门，门腿下设有须弥座，形式与皇极门相同。

东西六宫在明朝是嫔妃的宫室，自清朝雍正移居养心殿以后，皇后也择东西六宫中一宫居住，如乾隆的皇后住过长春宫。慈禧那拉氏是清朝咸丰初年选入宫的秀女，初封为贵人，后又封为懿嫔；继而升为懿妃，生了皇子(载淳)又晋封为贵妃，皇子继位后(年号同治)称为慈禧太后。她住过储秀宫、长春宫、养心殿、翊坤宫、乐寿堂等处。至于称号低的答应、常在等则住神武门内的东西房。

养心殿　此组宫殿占地东西80米、南北63米，四周围绕红墙，由东向的遵义门通往西一长街。原是明朝旧有，清雍正时改建。雍正在其父康熙死后住在此处守孝，孝期满没有搬走，一直住在这里，以后清朝各代皇帝沿用，在此办理庶政。正殿呈工字形，前殿正中设宝座，上有金龙藻井，和乾清宫一样是召见大臣的地方。西边称西暖阁，是雍正至咸丰经常召见军机大臣的地方，在宝座旁设有御案，上置文房四宝，供皇帝批阅奏折。西侧的三希堂有乾隆收藏的晋代书法家王羲之《快雪时晴帖》、王献之《中秋帖》和王珣《伯远帖》，视为希世之宝，所以称为“三希堂”。东边称东暖阁，清朝末年慈安和慈禧在这里“垂帘听政”。六岁的小皇帝同治坐在前面的宝座上，两位太后坐在后边的宝座上，中间挂一个黄色的纱帐帘。裁决政务、批阅奏章多是慈禧太后一人做主。

后殿是皇帝的寝殿，由于皇帝迁出乾清宫，皇后也跟着移居养心殿，住在后殿东侧的体顺堂。后殿西侧的燕喜堂是皇帝召来的嫔妃临时居住休息的地方，光绪皇帝无视这个规定，把珍妃召来常住，引起皇后的嫉恨。

养心殿宫墙以南，是专门做皇帝、皇后和嫔妃们日常膳食的内膳房。由于宫内人数众多，而且尊卑等级相差很大，每年仅用于购买鸡、鸭、鱼、肉、蔬菜的支出就用银三万数千两，所以为吃饭设有专门机构管理。内务府下属的“御茶膳房”专管宫廷内膳食，位置在箭亭东，自成一庭院。有琉璃瓦房二十间，灰瓦房九间。另有皇子的饭房、茶房，还有侍卫饭房，专管内廷各臣如军机大臣、南书房翰林、上书房老师、值班奏事的九卿官员和各处侍卫等人的日常饭食。

东西五所　太子们住的地方，在东西六宫的北边。每所纵向三进庭院。前面由正厅及东西厢房组成；第二进有正房及东西厢房；第三进有后照房，周围红墙，南北长55米，东西为27～30米不等。南向中间开门，院内有井，形制也和北京四合院相近；五所并列，前有横巷。但比东西六宫规格等级略低。乾隆把作太子时住过的西五所，在登极后升为宫，建了重华宫和建福宫。于是西五所和东五所就不一样了。

乾隆时在文华殿东北明朝撷芳殿旧址上建了和五所规格差不多的三所，称为南三所，给阿哥们居住。嘉庆、道光、咸丰都在南三所住过。

自皇极门内看九龙壁

在皇极门的南面立有一座琉璃照壁，壁上有九条龙，俗称九龙壁。

养性门

养性门是宁寿宫这组宫殿南部的正门，门西边为进入宁寿宫西花园的衍祺门，门东边是畅音阁戏台。

宁寿宫　位于紫禁城东北部，原是康熙三十八年(公元1699年)在明朝宫殿旧址上建造的，乾隆三十七年(公元1772年)加以扩建，准备退位当太上皇时居住。但归政之后的乾隆并未到此居住，只是偶尔到此游赏一番。

宫门称皇极门，门对面立的影壁上有九条琉璃制作的龙，俗称九龙壁。前殿称为皇极殿，也是九五之尊的大殿，建在白石高台上，以丹陛桥和宁寿门连接。东西阔45米，南北进深20米，和乾清宫的大小相近。后殿宁寿宫，外形和坤宁宫相近。这是乾隆事先想好的，将来归政，还要遵循旧章，把坤宁宫的神位、神杆移到宁寿宫，按原来的礼仪祭神，所以室内布局也是以西间作为祭神的地方，但东间不再是洞房而是寝室。

宁寿宫的北部，中央养性门内有四座殿堂，为首的养性殿，前檐右侧也建有抱厦，结构形式、平面布局都仿养心殿。西端有一间小房子，题名“香雪堂”，内部用石叠成山洞，设有宝座，是乾隆准备静坐的地方。

养性殿的后边是乐寿堂，慈禧由储秀宫搬出后，曾住在这里并度过60岁生日。乐寿堂以北还有颐和轩、景祺阁以及最北端供佛的佛日楼和梵华楼。

养性门东边有畅音阁戏楼以及庆寿堂、景福宫等燕娱性建筑。西边有一组园林建筑叫宁寿宫西花园。

宁寿宫这组宫殿，虽然有一部分仿中轴线上的建筑格局，但是养性门以内，庭院布置比较活泼且具有园林趣味，建筑外形也有变化。尤其是室内，空间分隔，或空敞、或封闭、或上下交错，开合虚实，廻婉曲折，极富情趣；内檐装修花样繁多，或雍华富贵，或清新隽雅，制作精巧，件件都是耐人玩味的工艺品。为中国建筑史增添了最后美丽的一页。

慈宁宫 位于紫禁城西侧。清朝每逢盛典，皇太后都在慈宁宫接受贺礼。始建于明嘉靖十五年(公元1536年)，万历年间遭火焚后又重建，清乾隆三十四年(公元1769年)为其母八秩寿庆又再一次重建。将前殿等级提高，由单檐改为重檐庑殿顶，以表示他的孝敬之心。慈宁宫前的露台上也陈设有铜鼎、铜龟、铜鹤、日晷、月晷等。后殿供佛又称大佛堂。慈宁宫的左右和后面，还有头、二、三所，以及寿安宫、寿康宫，都是太皇太后，皇太后和太妃、太嫔等人居住的地方。按清朝规定，皇帝死后，他的皇后和妃嫔都要移居慈宁宫、寿康宫等处。但是在咸丰死后，慈禧从未在此住过。

4. 园林

紫禁城内原有四处花园；其中建福宫西花园建于乾隆五年(公元1740年)，1933年遭火灾，全部烧毁。目前仅存御花园、慈宁宫花园、宁寿宫西花园。

御花园——在明朝称“宫后苑”，是建紫禁城时营造的，以后不断有些增建，但基本保持初建时的格局。园中的

万春亭

万春亭位于御花园东部居中，建于明嘉靖十五年(公元1536年)。平面呈方形，四面出抱厦，形成十字折角形；重檐屋顶，下层檐与平面对应，为半坡腰檐，上层檐为圆攒尖顶，象征天圆地方。

宁寿宫西花园内穿廊

倦勤斋的西侧有一穿廊联结符望阁。穿廊西边是一弧形院墙，上开琉璃什锦漏窗，院墙内有一座竹香馆，为两层建筑。

亭堂斋轩、叠山等大多是明朝遗物。占地东西宽约140米，南北长80米。为了和中轴线上严谨、对称的布局相协调，也采用了均衡对称的布置。这在中国古代造园中是少有的。园北端的钦安殿是园中主体建筑。东有堆秀山、藻堂、浮碧亭、万春亭、绛雪轩等，西侧相对应有延辉阁、位育斋、澄瑞亭、千秋亭、养性斋，这些命名也都是对偶的词句。园中建筑大都沿四周布置，中间种植花木，穿插些小亭台，罗列奇石、盆景。园中的树木绝大部分是松柏，大体也按对称种植。由于疏密有致，并不感到呆板。乾隆于十四年写有一首《御花园古柏行》诗："摛藻堂边一株柏，根盘原地枝擎天，八千春秋仅传说，厥寿少当四百年。"这株古树迄今仍在，算起来已有550年了。园中还栽有竹、榆叶梅等，寓意松竹梅岁寒三友。另外还有牡丹，以及四时安放的盆景梅花、栀子、茉莉、菊花等。

慈宁宫花园 东西逾50米，南北约130米。原为明时建造，采取对称布局，清代又有改修。纵向以临溪亭、咸若馆、慈荫楼为中轴，两侧依墙建有楼、亭、堂、斋。北部慈荫楼、宝柏楼、吉云楼，从三面围绕咸若馆，内部都供有佛及佛像藏经。乾隆时在馆前东西建造了含情斋和延寿堂，为太后生病时奉侍汤药及守孝时住。南半部初建时有五座亭子，以临溪亭为中心，前两侧各有两座亭子，一座是井亭，另一座是地面设有“流杯渠”的亭子。园中也多是松柏，间有梧桐、银杏、玉兰，还有牡丹池、养鱼池。每到夏日，枝叶相接，扶疏拂檐，荫翳蔽日，满眼苍翠。乾隆考虑到守制27个月要经两个暑热天，此处的凉爽为宫中所仅有，所以建了含情斋和延寿堂。

乾隆在延寿堂写有一副对联：“梳翎闲看松间鹤，送响时闻院外钟。”道出了慈宁宫花园幽静清雅，具有佛寺的超脱气氛。这里在1950年代还有鹤，它们天暖飞来，冷时自去。按中国古制，庙西北有供妇人用的小门称闱，慈荫楼的西北就有角门通往慈宁宫宫门前庭院。当初设计时也可能就有寺庙的寓意。

宁寿宫西花园　建于乾隆三十六年(公元1771年)，俗称乾隆花园。建在南北长160米、东西宽仅37米的狭长地段内前后共分为五进院落。

由衍祺门走入第一进庭院，迎面以一座假山为屏障，山后以四面空敞，专为观赏轩前楸树开花的古华轩为主景，西边有禊赏亭，亭内设“流杯渠”，取意东晋书圣王羲之《兰亭序》上所写：“流觞曲水”、“畅叙幽情”，修禊赏乐的典故。亭子对面，有用叠石堆成的山洞，洞内是佛堂；山洞顶上是露台。

第二进庭院，居中是遂初堂，左右有厢房和回廊，院门采取北京民居常用的垂花门。

第三进庭院，以山景为主，院中堆石出，峰峦险壑，洞谷相连。主峰上建有一座亭子。

第四进庭院，山景与园林建筑业重。北面居中是高大的符望阁，阁前有一脉叠山，山上的亭子，形式特殊，平面似五瓣梅花形，圆攒尖重檐顶，上有五条脊，下有五根立柱，彩画、座凳栏板、琉璃宝顶及天花都以梅为花饰主题，称碧螺亭。

最后一进院落，仅有北房倦勤斋和竹香馆。

乾隆花园的园林建筑有的高大华丽，有的玲珑剔透，叠山崖谷峻峭，洞壑深邃，装饰多以梅、兰、竹为主题。基本上是不对称富有园林情趣的变化布局，而且一反宫中建筑的

畅音阁戏台

畅音阁戏台位于养性殿东面，清乾隆三十七年(公元1772年)初建，嘉庆二十四年(公元1819年)重建，戏台分三层，下层“寿台”系演戏的主要舞台，上层“福台”和中层“禄台”在演出大型戏剧时可同时应用，能容纳上百个角色，形成“群仙祝寿”、“极乐世界”的宏大场面。

常规，几进庭院的主景建筑不在一条中轴线上，和御花园、慈宁宫花园的风格不同。

建筑物的题名，为遂初堂、符望阁、倦勤斋等，寓意乾隆皇帝遂初愿望，倦勤退居，看着子孙后代，如同古华轩前的古楸树(楸树盛产于中国东北)，年年春夏之交繁花似锦。

5. 戏台

畅音阁戏台是宫中最大的战剧表演场所，平面呈凸字形，前面是舞台，后边是扮戏楼。舞台分上中下三层，上层称“福台”，中称“禄台”，下称“寿台”。“寿台”面阔三间，台面呈方形，甚为宽敞；演员出入舞台的门在台后两侧，中有“仙楼”相通；从“仙楼”内的木“踏跺”上可达禄台，下可达寿台。寿台下面中央及四角各设一口地井，使用时打开台面的木板，靠安装在地下室的绞盘将布景托出地面。中央的一口井有水，起共鸣作用，有加强音响的效果。寿台上方另有三个“天井”，可以用辘轳将人或布景送到寿台或福台上。所以当演出《九九大庆》等大戏时，数以百计的神、佛角色，能同时在三层台上出现。

福台和禄台的台面进深很浅，因为深了，坐在阅是楼下面宝座上看戏的皇帝视线将无法达到。整座戏楼的彩画及装饰都很华丽。阅是楼东西的围房，即王公大臣们看戏的地方。

西五所东北角的漱芳斋内有两座戏台，一座位于漱芳斋前的庭院中，规模较畅音阁小，平面亦呈凸字形。戏台每面四柱，明间稍宽，为“台口”；台后为“扮戏间”，重檐歇山式屋顶。皇帝在农历元旦受贺或宴请王公大臣时在此看戏。另一座位于漱芳斋后，“金昭玉粹”室内的小戏台，是供皇家家宴时表演小型节目用。台面上边覆以四角攒尖顶，如同在室内建了一座亭子，装饰均为斑竹纹。台前题有“风雅存”小额。由南府的太监在这里演唱“岔曲”。宁寿宫花园倦勤斋室内，也有一座形式和做法与“风雅存”相似的小戏台。

宁寿宫内颐和轩西侧，有一座位置非常隐蔽的二层小戏楼，平面方形，攒尖顶，也像一座小亭子，三面有回廊围绕，

斋宫 / 上

斋宫位于紫禁城后寝乾清宫东面，建于清雍正九年(公元1731年)。清初，皇帝到南郊祭天、北郊祭地，以及冬至祈谷大祭之前，在此住一天致斋。

咸若馆内佛堂 / 下

咸若馆位于慈宁宫花园内，内设佛像、法器和祭器，系专供太后、太妃礼佛的地方。

中间是一个小天井，包括回廊在内占地东西不足10米，南北不足5米。可算是最小的戏楼，楼上题有“如亭”二字。

清朝时看戏，尤其是京剧，是宫廷中最有趣味的娱乐，所以大部分的戏台都是清朝建的。慈禧最爱看戏，在她住的长春宫内体元殿的后部也改建了一个小型戏台。

6. 佛堂、道场、奉先殿等祭祀建筑

紫禁城内供皇室进行宗教活动的殿堂很多，清朝虽然将藏蒙地区信奉的喇嘛教黄教奉为国教，但对道教、儒教也保有一定的地位，所以明代建的祭祀场所也得以保存下来。

供奉道教的建筑主要为明代所建。御花园内的钦安殿，在紫禁城内是比较特殊的建筑，顶上部是平的。记载上写元朝有顶殿，可能就是这种形式。殿前设香炉和焚帛炉，立有五彩云龙油饰的旗杆。殿内祀玄天上帝。每年立春、立夏、立秋、立冬，架供案奉安神牌，皇帝亲来拈香行礼；每逢年节和八月初六至十四为“天祭”，在玄穹宝殿和这里设道场。

宫内有专为礼佛建的佛殿、佛堂、佛楼、佛阁等建筑，在太后、太妃宫室区域内较多。如英华殿供九连菩萨，在寿安宫北，建于明代，清康、乾年间曾重修。共有三进院落，五间大殿，左右有耳房三间，放在最后一进院内，明代太后、皇后都在这里礼佛。万历皇帝的母亲曾梦见九连菩萨授经，所以她亲手在殿前种了两棵菩提树。因为传说释迦牟尼最初就是在菩提树下觉悟成道。至今菩提树根深叶茂，高有二丈，枝干婆娑。金秋叶落，取子可以制成念佛的串珠。

慈宁宫后殿是一座大型佛堂，供三世佛。当时，由太监充任喇嘛，每年十二月初五起，在堂中唪经21天，平时每月初六举行喇嘛教的宗教仪式，如放乌卜藏、唪念金刚经等。慈宁宫花园内的建筑也多是供佛的地方。

慈宁宫北春华门内，以雨花阁为主体的一组宫殿，是清代宫内藏传佛教祭祀活动的重要场所，占地东西阔约58米，南北长约140米，是乾隆年间在明代隆德殿旧址上修建的。

雨花阁平面呈方形，立面上分为三层，实为四层，即在

内金水河鸟瞰

内金水河自宫城的西方流入，西方属金，所以称金水河；流经大半个紫禁城之后，由东南方流出。这条河是紫禁城内的主要水源，例如工程用水、救火用水均取自内金水河；同时也是排水总干道。紫禁城内的下水汇集后流入暗沟，暗沟的泄水口在金水河河帮上。

第三层内有夹层，最下一层腰檐，覆绿琉璃瓦，四角攒尖顶覆镏金瓦，屋脊上四角各有一条金光闪闪的龙，柱头饰兽面、龙头等。具有藏族建筑的特色，又和沈阳故宫有相似的地方。阁内设一座珐琅坛城。

在宁寿宫北，有佛日楼、梵华楼，紧倚宫墙，二楼毗邻，楼内供奉喇嘛教创始人宗喀巴及主要各佛的塑像，配有10900尊小佛像。楼下陈设六座高大的珐琅佛塔。

明代开始建立了在宫内祭祖的制度，清代沿袭。奉先殿就是宫中祭祖的家庙。此殿始建于明，清康、乾年间均重修过。前后殿都是面阔九间，重檐庑殿顶，两殿以穿廊相连成工字形，四周围以高墙。前殿供奉努尔哈赤以后历代帝后神牌，后殿供奉努尔哈赤以前帝后神牌。

斋宫是雍正九年(公元1731年)在明代宏孝殿、神霄殿的旧址上修建的。清初皇帝去南郊祭天、北郊祭地，及冬至祈谷大祭之前，在此住一天致斋。行斋期间不作乐、不饮酒、忌用辛辣。

此外，宫内还有祭孔处及传心殿，供奉孔子及先贤先儒的神位。

7. 给水排水、取暖防暑、采光照明

给水排水　紫禁城的护城河及内、外金水河的水都是由北京西郊玉泉山引来的。内金水河由紫禁城西北角流入，顺

内金水河近景

内金水河采用对称的弧线，一路上有直有曲，往复回环，有时地上，有时地下。河面上架设多座桥，具有丰富的艺术效果。

城内西侧南流，东折经武英殿前、太和门前，由文渊阁前到东西三座门，再南折从紫禁城东南角流出。全长逾2000米，上架桥梁，下设涵洞，共约20处。

《古今事物通考》上记载："帝王阙内有金水河，表天河银汉之义，自周有之。"明朝太监刘若愚写过《明宫史》一书，他说，这条河不是为了观看游鱼水藻，宫内几次失火时救火，建造施工时用水，慈宁宫花园、御花园水池用水，都取自内金水河，实际上它是宫内最大的水源。

相传宫殿初建时凿水井72口，以象"地煞"，虽然没有确切考证，从现存后寝各宫院内，前朝院内，厨房、库房等处的井，算起来总数至少也在72口以上。其中传心殿内的大庖井，井水甘洌是宫内各井之首。每年十月，在大庖井前祭祀司井的神。现在水井大都已经干涸，惟独大庖井水仍然清澈晶莹。宁寿宫贞顺门内有一口井，称为"珍妃井"。珍妃美丽聪慧，甚受光绪皇帝宠爱。她支持光绪戊戌变法，慈禧却恨之入骨。所以在八国联军侵入北京时，慈禧挟光绪逃往西安。临行前，命太监把囚禁在井东边红墙内小院中的珍妃叫出，逼她跳井，珍妃不从，于是慈禧命太监二总管崔玉桂把珍妃推下事先已把井盖挪开的井中。待次年光绪回到北京，才把珍妃的尸体打捞上来，追封为皇贵妃。珍妃的胞姊瑾妃，在慈禧死后又为她设了一座灵堂。

为保持用水洁净，水井大部分都建有井亭，这可能也是

珍妃井

位于宁寿宫的贞顺门内。光绪皇帝的宠妾珍妃在八国联军侵入北京时，为慈禧太后所逼，被太监二总管崔玉桂推入此井中。

中国的传统。新石器时代的河姆渡遗址，就在井上建木棚架遮盖。出土的汉朝明器也有井亭。宋、明、清三朝时，井亭应是比较普遍的建筑物。但现在民间已不多见，大概只有紫禁城内还保留着相当多的井亭。

为皇帝、皇后烹茶煮饭的水，是用水车从玉泉山运来的泉水。传说乾隆曾下令制作一个银斗用来量水，以水的轻重评定全国水质的上下。其中有济南的珍珠泉、杭州的虎跑泉等等。结果玉泉山的水最轻，所以乾隆钦定为“天下第一泉”。不但在京师食用玉泉山的水，就是离开北京巡幸时，也带着玉泉山的泉水；就连诗中都写着“饮食寻常总玉泉”。

紫禁城初建时，就设计建造了非常科学的排水系统。整座宫城北高南低，每座庭院也都是向东南倾斜，使水往统一的方向汇集，然后流入纵横交错的明渠暗沟，最后全部排入金水河。干沟高可过人，用条石铺砌。全部地下沟道长近一万米，工程之浩大，胜过地面上的金水河。明、清两朝规定每年春季掏修沟渠，到了夏季暴雨之后，雨水很快可以排除，不会积水。至今虽经历了五百多年，仍然畅通。

取暖防暑　每年十一月初一(阴历)宫中开始烧暖炕，设围炉，叫做“开炉节”。但是实际上各处开始取暖的时间并不一致。从清朝的档案上看，皇帝、皇后们住的地方，九月二十几就开始领冬天的用煤，因为此时北京已经相当冷了。

住人的宫殿设有火地和火炕，一般是在房屋前檐下台基上留一个洞口，供烧火人出入。洞底伸入房屋地下并砌有火塘，烧火后，热气通往用砖砌成回转相通的烟道里，再由铺地砖传到地面上，有这样取暖设置的房间称为“暖阁”。这样的取暖方法，起源很早，至少在北魏时期河北省一带已经使用，并不是清朝满族人特有的设置。明朝也是这样取暖。

室内的火地、火炕一般不在室外设烟囱，因为烧的是炭。这种炭按尺寸锯截成统一长度，装在荆条编的小圆箩筐内，外面刷红土，叫“红箩炭”，专供应皇宫，民间不准购用。

除火地、火炕外，还放置火盆，又叫“熏笼”，也是放炭火。大的火盆通高可达一米多，小的有手炉、脚炉等，可以随手提动，有景泰蓝制的，有铜制镂花的，工艺精湛，放在室内也是美丽的陈设。

乾隆曾有一首名《向火》的诗“人生贫富悬，畏寒情无二。暖阁下垂帘，兽炭炉中炽。岂无轻裘暖，向火时坐地。芳馥水沉销，联翩腊珠坠。春融丈室间，清供良具备……”诗文虽不高雅，但是述说了当时取暖的情况。暖阁挂着毯帘子，穿着轻而暖的皮衣，向火席地而坐，闻着炭火发出的香

养心殿东暖阁

清咸丰十一年（公元1861年）慈禧借由政变掌握政权，在此垂帘听政，小皇帝（同治、光绪两朝）坐在前面宝座上，慈禧太后坐在后面宝座上，中隔黄纱帘。室内冬暖夏凉。冬季在室外屋檐下炕内烧柴，热气通入室内砖面下的烟道以取暖，加上室内地面铺毛毯，并置有许多烧炭的火盆，足以驱寒。

气，看着火上沸水珠上下翻落，感到室内如春，一切称心如意。此时乾隆尚未登极，仅是皇子。皇帝的条件当然会更好了。如咸丰时养心殿东暖阁用的火盆有12个。至于前朝如太和殿、保和殿按规定仅安设4个火盆。

夏天防暑采取屋檐下挂竹帘，屋外架凉棚的办法，遮挡阳光照射，减低室内温度。用竹帘也有等级之分，最高的用斑竹、香妃竹等编织，上面还有花纹图饰。低级的用苇箔编成。凉棚是什么样呢？宣宗道光有一首诗："南窗无奈夏阳骄，架木为棚谢斫雕。势辨纵横连广厦，形成栋宇丽清霄。何劳百堵兴动众，却喜千章布荫遥。草席匀铺阴满地，绳牵舒卷晚凉招。"凉棚也叫天棚，是在院子里用木杆支搭起架子，上面铺草席，日照时遮上，日落后卷起来。

宫内有五处冰窖，位于西华门内，便于冬天存储西苑和护城河结的冰。冰窖是半地下室的做法，深入地下1.5米，容积约逾330立方米，共可存冰近三万块。中国很早就曾利用"凌阴"储存天然冰。周朝有"凌人"掌管，在冬天十二月凿河冰放置在窖里，后寝各宫内的茶房设有冰桶，夏天存放冰块，供冰镇冷饮水果，也放在室内降温。乾隆《消夏十咏》中《冰》："广夏无烦暑，精盘储碎冰。凉逾箑脯扇，色似玉壶凝。"紫禁城储存的冰，除宫内用外，立夏日启冰后，也赐文武大臣分享一部分。

这样的设施仍不能使皇帝满足，清朝从雍正皇帝起，夏天大都离开北京，到凉爽地方的离宫去住。

采光照明 宫殿虽然前后都有扇窗或槛窗，但是由于房屋进深大，而且窗花占去不少采光面积，尤其早年没有玻璃，窗上糊纸，所以室内并不光亮，有的地方甚至很暗。康熙年间才开始在宫外畅春园里的建筑上安装玻璃窗。当时的平板大玻璃来自外国。乾隆的诗上说："西洋奇货无不有，玻璃皎洁修且厚。小院轩窗面面开，细细风棂突纱墉。内外通达称我心，虚明映物随所受。风霾日射浑不觉，几筵朗彻无尘垢。"称赞玻璃窗的优越性。嘉庆也有咏玻璃的诗。由此可见，乾、嘉时帝后的住处已经安装了玻璃窗，但前朝各殿不敢违背祖制随意更改。

当黑夜来临，全靠蜡烛照明。蜡烛制作得很精细；上塑有龙还描金。外面加上用纱或羊角制作的罩便称为灯，放在桌上的叫“桌灯”，挂在屋顶天花上的叫“挂灯”，高立在地下的叫“戳灯”，拿在手中的叫“把灯”，提在手上的叫“提灯”等等。这些灯很容易燃烧引起失火，所以管制很严。外朝没有固定设置的灯，天明以前上朝，只有亲王才可以用灯引路到景运门或隆宗门，军机大臣可以提羊角灯入内右门，其余的人不能用灯照路，只能摸着黑走。皇帝出入才可以前有龙头杆挑着引路灯，后边有明角灯照看。冬天早朝，在大殿内宝座前侧放羊角灯。

后寝各长街都有路灯，在白石座上放铜框镶羊角罩的灯。每晚有人添油点灯。宫室内的灯具琳琅满目，咸丰年间仅养心殿东暖阁就有15种样式的挂灯，逾40个座灯。每到夜幕苍茫，值班的太监叫喊“搭门，下钱粮(锁)，灯火小心”一个接一个，此起彼伏，随声传递。

每逢年节宫内都要增加很多灯。清朝于过年时，在乾清宫前安置万寿灯16盏，大小灯128盏，两廊檐回廊挂灯120盏，栏杆挂灯194盏。明朝永乐和正德年间都曾因为正月十五元宵节观灯引起火灾，所以清朝在元宵节观灯看烟火时，大多放到圆明园或颐和园中去了。

建筑构造和装饰

中国古建筑，在先民长期实践创造的基础上，经集中整理，对构造和装饰等产生一套标准化、程式化的法式制度。宫殿建筑称为官式做法，更是严格遵照法式要求，下面仅摘主要的作简要述说。

1. 台基

台基是宫殿建筑的重要特色。几座历史上的大型宫室遗址，均坐落在大面积的夯土台上。到春秋时期，各地诸侯以“高台榭，美宫室”竞相夸耀。秦、汉时期是高台建筑发展的顶峰。高大的夯土台上建筑房屋，宜防水、利通风、便于防卫，且外观宏伟。后来这种风尚虽有某些改变，但直到明、

清，台基的高低仍然是建筑等级的重要标准之一。《清会典》中规定："民公以下、三品官员以上台阶高三尺，四品官员以下及民房屋台阶高一尺。"明永乐年间修建的最高等级建筑如紫禁城内的三大殿、天坛祈年殿、长陵祾恩殿，都建在三重的台之上，并将佛教中象征宇宙中心之须弥座用在宫殿的台基上。三大殿的台高8.13米，呈工字形，上建三座殿堂，由三层须弥座重叠组成，每层都绕以白石栏杆，共有望柱1458根，每根上雕云龙柱头，下边伸出排水的螭首，所以雨天就会出现千龙喷水的奇观。在台的踏跺中间部分，随斜坡安嵌着巨石，上面刻有各种姿态的龙或是加上凤，称为御路。

较重要的殿堂和门，多采用单层须弥座上围石栏杆的台基及石雕龙御路，如太和门、乾清门、奉先殿、武英门、武英殿等处。

高台上的栏杆由栏板和望柱组成。栏板的华板花纹变化较多，例如海棠纹、竹纹、方胜、龙等图案。望柱头雕刻花纹以龙、凤为最高等级，次为二十四气，此外如石榴头、云头、仰覆莲等多用在后寝的亭堂楼阁上。

正殿西侧的配殿及一般殿堂，如东西六宫的台基，是用青砖丝缝砌成，上铺条石，不做栏杆，相比之下简朴得多了。但是台仍是不可缺少的部分，因为中国木构建筑是由台基、梁柱、屋顶三部分组成的。

2. 外檐装修

露在室外的门窗等部件，古建筑术语称为外檐装修。中国木结构建筑是以木柱支承屋架，不以墙承重，所以门窗装

乾清宫槅扇门 / 左

外檐装修之扇门的装饰花样主要在槅心和裙板上。图中乾清宫槅扇门的槅心为三交六椀菱花，裙板为最高等级的浑金流云团龙，角叶及绦环板也有压制的龙纹装饰。

皇极殿槅扇门 / 中

扇门一般由槅心、绦环板和裙板组成，由纵向的边梃和若干横向的抹头构成木框。

太和殿槅扇门裙板 / 右

在华丽的建筑中，门的边梃与抹头相接处多用角叶钉上，这种角叶在构造上可以加固纵横向门框之间的联结。

在柱间成为构成建筑外观的很重要部分。宫殿前檐的门窗多安在金柱间，在前边空出檐柱；有的在后檐也空出一排柱子，形成前后廊，如前后左右空出一圈柱子，就形成周围廊。

重要殿堂多用槅扇门和槛窗。槅扇门由槅心、绦环板和裙板组成。装饰花样主要在槅心和裙板上。菱花是最高等级的槅心式样，又分为数种，如双交四椀菱花、三交六椀菱花；其次是步步锦、灯笼锦等；最低等级是直棂和方格。裙板最高等级的花纹是浑金流云团龙，次为龙凤、四合如意头等式；槛窗相当于槅扇门去掉下边裙板，安装在槛墙上。太和殿的外檐门窗均用三交六椀菱花槅心，门的下部为浑金流云团龙及翻草岔角裙板。用来加固门窗木框及钉拉手的角叶、看叶、钮头圈子等，均用铜质压出花纹，表面镏金，是最高贵的做法，称为“金扉金锁窗”。

后妃生活区的外檐装修多用风门及支摘窗。支摘窗分两层，外层上可支，下可摘；内层不动。上段可糊纱或作纸卷窗。窗棂的图案有步步锦、灯笼锦、冰裂纹、万字、回纹、盘长等。清中叶以后，宫内开始用玻璃，支摘窗下段也改用周边镶花棂的大玻璃窗，即现在西六宫的样式。

3. 屋架、斗栱

紫禁城的建筑，普遍用抬梁式构架，做法是：沿房屋的进深方向，在柱础上立柱，柱上架梁，梁上再放瓜柱，瓜柱

中左门斗栱

早期的斗栱，外形简单，大而雄壮，为木构架结构的一部分；后来逐步演变得繁密纤巧，有的主要起装饰作用。

上再架梁，逐层减短，层层叠架，又称叠架法。至于庑殿、歇山、悬山顶，仅在两端的构架外侧有些变化。

斗栱是支撑屋顶出檐的木构件。它的起源很早，可以说与华夏文化同长。唐朝时进一步成熟，已有装饰作用，于是规定："非王宫之居不得施重栱藻井"。此后斗栱一直是皇家建筑和宗庙建筑所特有。

前面向外支出的曲木称翘，翘端加横的曲木称栱，在栱的两端和栱翘相交的地方，用斗形的木块垫托，这就是斗栱的基本结构。每出一翘便是出一跳。以出跳的层数多少及用材的大小，分为许多种规格。太和殿上层檐斗栱出跳四层，下层檐出跳三层，是最高的规格。其他殿堂的斗栱出跳层数按等级相应减少，配殿及廊庑等多是不出跳的"一斗三升"或"一斗二升交麻叶"。这样的选用，除表示建筑物等级外，也符合实际需要。高大的建筑，出檐远，需要挑出的长，斗栱出跳多，从力学及外形比例权衡上都比较合理。

此外，若干次的地震证明，用斗栱的木构架具有良好的抗震性能。公元1965和1976年北京附近两次大地震的剧烈震荡中，太和殿没有一点损坏，连屋脊上竖立的两件各高3.4米，重3吨，由13个块件拼成的大吻，亦丝毫无损，而有些较小的房屋却倒塌了，除用料及施工质量等其他原因外，用斗栱是很重要的因素。

4. 屋顶形式

屋顶是中国古建筑外观上独具的特征。由于宫殿建筑比较高大，屋顶显得更加突出。庑殿顶是中国最早的屋顶样

太和殿屋顶装饰

在宫殿建筑的屋脊末端都有一系列的琉璃小兽作装饰，并且逐渐形成一套按规定的排列次序，由前到后分别为龙、凤、狮子、天马、海马、狻猊、押鱼、獬豸、斗牛，最前端还有一个仙人。太和殿是最高级建筑，特别在斗牛后再加一个行什。

式，称为四注式或四阿式。《周礼·考工记》载有“殷人四阿重屋”，封建时代便将其视为“古制”，于是重檐庑殿顶便被奉为最尊贵的屋顶式样，也有单檐的庑殿顶。

其次是歇山式，也有单檐、重檐之分。从绘画上看，宋朝大型的殿堂多用歇山式顶，宫殿亦不例外。由于屋顶两端比悬山顶增加两厦，所以宋代以前称“厦两头造”，此外屋顶上面有一正脊四垂脊，檐部又有四条岔脊，所以又称“九脊殿”。天安门、端门、太和门、保和殿、宁寿宫、慈宁宫等，均用重檐歇山式顶。

再次是悬山顶，最次是硬山顶，此外还有许多其他类型的屋顶，如方亭子多用四角攒尖式屋顶。主要殿堂中的中和殿、交泰殿、符望阁等，也采用攒尖顶。攒尖顶也有重檐做法，如建福宫后的惠风亭、午门上的四角亭等。除殿堂外，许多小型的亭轩等建筑，屋顶往往由数种式样组合在一起。

在御花园内有一座小巧玲珑的井亭，平面是方形，在四根柱子的顶端，各承一个“扁担梁”，因其方向是抹角的斜梁与檐檩搭交，上面呈八角形，单是木架子时是不太稳固的，然而宽瓦之后，荷重加大反而“稳如泰山”，历经五百多年，尤其近年经地震的强烈震动而没有任何损坏，可见设计匠师充分掌握了力的平衡原理。

屋顶上的装饰很多，其中不少被加上神话传说。其实它们都是结构上不可少的构件，经过美化艺术加工而成。

脊是由保护两坡交接处防漏雨水而扣上的隆起瓦件。正脊两端因为是三个方向脊的交接点，需要着重加固和防水，所以在上面放了大吻。大吻在宋朝称“鸱吻”，样子和清朝所用略有不同。传说海里有一种鱼，能激浪降雨，尾像鸱，所以做成和它同一样子的瓦件，放在脊两端，既可起遮盖作用，又取意可以压火。清朝的大吻是在鸱吻的顶部插入一把宝剑，把它镇住，以使牢牢地守在脊上。殿顶檐角也是需要重点加固的地方，于是装上了仙人、龙、凤、狮子、天马、海马、狻猊、押鱼、獬豸、斗牛。攒尖顶上安装的宝顶，是为保护中间固定木架的雷公柱，使它免受风雨侵蚀。

养性殿外檐天花

天花在结构上包含支条和天花板两部分，彩画则施于这两部。图中的天花乃以青绿色为主的井口天花，板中心蓝色的圆光绘有团龙图案。四角的岔角及十字交叉处的燕尾颜色相同。

这些装饰按中国的礼制秩序规定，也以体量的大小、华美程度、数量多少，分等级使用，如太和殿檐角小兽是十个，多一个“行什”，成为惟一用双数的；乾清宫次于太和殿，檐兽用九个；坤宁宫又次于乾清宫，檐角小兽七个；东西六宫用小兽五个，其他一些低等级的房顶，仅用一个或不用小兽。

5. 内檐装修

内檐装修也就是室内的装修，包括划分空间的各式隔断以及天花等等。

宫殿内部有用砖砌的墙壁，也有用木骨架，外面糊纸，这些都是固定的隔断；扇门(又称碧纱橱)、屏风、帷帐等，则是可随意开合或移动，空间大小随着改动变换的隔断；还有各式木罩，能创造出似隔非隔、似断非断的空间，而且又是室内的装饰。

碧纱橱比外檐的槅扇门更精致。棂木多作各式的灯笼框，框心安玻璃或糊纱，上有绘画、题字，或是两面刺绣；木框上则嵌玉、螺或景泰蓝，式样繁多，做工精细。

木罩的式样更多，有落地罩、栏杆罩、圆光罩、博古架、炕罩等。大多使用紫檀、花梨、红木等材料，透雕数层立体花样，题材变化，无一雷同。如妃嫔住的宫室多用萄

古华轩天花 / 左

轩内天花系井口天花形式，全部采用不加油饰的原本色，上面雕刻花草纹。

千秋亭藻井 / 右

系用成圈小斗栱将圆形屋顶天花分作上、下层，第一层是周圈的小方格天花，每一格中有双凤作装饰，顶层穹窿内是木雕盘龙。

萄、藤萝蔓延缠绕，取以“葡孙万代”、“八百长春”等名目，象征子孙万代、江山万年，或是玉兰、牡丹、蝙蝠、万字，取意福禄长寿。在炕罩的两旁做成存放物品的橱，罩前垂挂鲜艳的丝绸绣花幔帐。

寝宫的墙壁上多挂有楹联、条幅，顶棚上悬挂宫灯、粘贴挂落等装饰。在佛堂内，墙壁上多布满精致的小佛龛。

在文渊阁、宁寿宫、坤宁宫、倦勤斋等高大的殿堂内，沿周边做成上下二层称为“仙楼”，中部形成高敞的大庭，如同现代“共享空间”的做法。仙楼上装槅扇门或花罩，还有栏杆，下边也有装饰，组成多层次的变化，极富艺术性的空间。

室内屋顶有两种做法。一种是露出梁枋檩及梁架，称为“彻上露明造”，如后左门、后右门、隆宗门、昭德门、贞度门等。另一种是用天花把顶上结构遮住。

天花的做法有井口天花及软天花。井口天花是用木材支条纵横相交，将顶分为若干小方格，方格空处盖木板称天花板；天花板上绘有龙、凤、百花等图案，以青绿色为主，等级高的沥粉贴金。也有用楠木雕花草图案，更富典雅的情趣。

软天花是在木格箅子上，满糊麻布和纸，有的在纸上画出井口纹条和各种图案。

有的宫殿在天花中央安设穹然凸起，如伞如盖的装饰，叫做“藻井”。藻井是怎么来的？有什么用途？

有人说古代穴居，顶上留个洞口，是藻井的雏形，因为雨水容易从这里流入，称为“中霤”，又因其像井，再加上藻文装饰，所以称藻井。“中霤”是祭祀的所在，所以藻井放在尊贵建筑的正中，是由实用的采光通风口演变来的。也有人说，藻井是取藻为水中生物，具有镇压火灾的寓意，所以也叫“覆海”。无论是由何而来，到了明、清的宫殿内，主要是起装饰作用。

藻井的结构复杂，大体是由上、中、下三部分组成。如太和殿藻井，下部是方井，高0.5米，直径5.94米，上放斗栱承重；中部为八角井，是承上启下的过渡部分，高0.57米，直径3.2米，用多道抹角枋构成三角(又称角蝉)和菱形，雕刻有龙凤；上部圆井，高0.72米，直径3.2米，周围施一圈小斗栱，共28攒，承受圆顶盖板(又称圆镜)，圆顶盖板正中有一条龙，龙口衔宝珠。在天之龙和宝座上的真龙天子，上下融合，创造了神圣的环境，产生其他装饰达不到的作用。

6. 彩画

宫内建筑，为防止外露木构件干裂、腐蚀、虫蠹，常在表面上用灰、麻等做保护层，称为“地杖”。地杖之上涂漆或彩绘，于是赋予宫殿金碧辉煌的色彩。

用多种色彩来装饰大木，汉代已有记载，《吴都赋》中“青琐丹楹，图以云气，画以仙灵”，就是叙述柱子涂红色，窗子涂青绿色，梁枋绘画云气和神仙。宋代彩画制作已相当成熟，到明、清时就更规范化、程式化了，投笔着色都

中右门旋子彩画

旋子彩画的等级次于和玺彩画。旋子彩画的藻头图案称为旋子；旋子是以中心的花心、外围环以两层或三层重叠的花瓣、最外绕一圈涡状的花纹组成。

宁寿宫和玺彩画

和玺彩画系彩画最高等级。箍头和枋心之间用≤形括线，所有的线路及各段落中的图案均沥粉贴金，彩画效果金碧辉煌。

有严格规定。明朝时的制度“庶民居舍不许饰彩画”，彩画遂成为皇家及庙宇等建筑所特有。

紫禁城宫殿的彩画，根据饰纹及用金的多少，分为和玺、旋子、苏式三大类型。画面都以枋心居中，藻头在内侧，最外为箍头，以青绿为主要色彩，虽然没有明文的规定，但从使用上来看，仍具有明显的等级区分。前朝后寝的主要宫殿用和玺彩画，画面规则最严谨，箍头、藻头及枋心都以各式姿态的龙纹或凤纹为主题组成。太和殿一件大的梁枋上绘有20条龙，而且大面积沥粉贴金。龙凤和玺彩画用于坤宁宫、东西六宫等处；龙草和玺用于端门、午门、体仁阁等处。

旋子彩画的等级次于和玺彩画，多用于次要的宫殿及配殿、门庑等处，如太和、中和、保和三殿用和玺彩画，左右的门和庑房则用旋子彩画。旋子彩画的藻头图案称为旋子；旋子是以中心的花心、外围环以两层或三层重叠的花瓣，最外绕一圈涡状的花纹组成。枋心绘的花纹有龙锦、一字、空枋心、花锦等做法。根据各部位用金多少，颜色搭配的不同，又可分为七、八种式样。

花园内亭台楼阁多用苏式彩画。苏式彩画画面的枋心主要有两种不同的做法：一种是长枋心，另一种是将檐檩、檐垫板、檐枋三部分连为一气，做成近似半圆形，称搭袱子(通称包袱)。苏式彩画画面所用题材广泛，多用山水人物故事、花鸟鱼虫及寓意吉祥的图案。另有一种海墁式苏画，如御花园绛雪轩、宁寿宫西花园碧螺亭，除做箍头外，遍绘竹子和梅花。

营建经略

永乐四年(公元1406年)，明成祖朱棣下诏于次年建北京宫殿，同时还有坛庙和长陵。经过周密计划及充分准备之后，永乐十五年(公元1417年)二月正式进驻现场施工，十八年十一月竣工，十九年元旦正式使用。

这样巨大的工程，能在短期内完成，和准备充足、施工程序组织科学密切相关。

在建筑技术上，明、清时已使用千斤顶、多刃的刨子、手摇卷扬机等简单器械，提高工作效率。木结构经过元代短暂的变动和酝酿，到明代趋于定型。清朝工部颁布的《工程做法则例》统一官式建筑的构作模数和用料标准，简化了构造方法。在设计和施工上，清廷设有主持设计和编制预算的样房和算房，对估算工料和验收都有一套具体制度。现存样房设计的图样和模型，说明当时的设计经过周密的考虑。

明代多数城市的城墙和部分规模庞大的长城都用砖包砌，地方建筑也大量使用砖瓦。琉璃砖瓦在烧制技术上于坯中用陶土，提高硬度，色彩和纹样则更加丰富细致。

官式建筑的高度定型系长期经验积累的成果。定型的结果不仅便于估工算料，加快施工速度，同时建筑造型形成一定的比例关系，装饰处理也形成一定的规格。这种程式化的比例关系和装饰处理规格是长期艺术锤炼的结果，可以保证建筑艺术达到一定的水准。另一方面，却限制官式建筑作更多的创造。到了清中叶以后，在园林、家具、装饰、彩画等方面，也由于过分要求细致，导致堆砌、繁琐和缺乏生气的缺点。

1. 施工组织

明朝设立工部，所属有营缮司(原名将作司)，下属有营缮所。清朝也设有工部，但是宫室、苑囿的修造属内务府掌管。中国历朝几乎都在中央政权机构内设立管理皇家宫室、坛庙、陵寝以及城郭等工程的设计、施工部门，即所谓的工官制度。周朝时称“司空”，秦以后改名“将作”。这些官员都具有一定的技术和规划知识。例如隋、唐时的著名工程家宇文恺，曾任将作大将、工部尚书，宋朝李诫曾为将作监，但有的工部官员是由工匠提升的。所以历史上曾制定了一些带有法令、规范性质的官书，对于建筑制度、技术、劳动定额以及材料定额等都有规定。比较完整的如《周礼・考工记》、宋《营造法式》、元《经世大典》中的《工典》、明《明会典》中的有关记载、清工部《工程做法则例》等。

从紫禁城的施工程序，可看出当时的工程主持人工部尚书吴中、营缮所技术人员蔡信的施工经验丰富，而且很科学。

按传统的建城方法，壕、城同时并建，亦即以城壕挖出的土方筑土城。但紫禁城是用砖砌的城墙，不需要那么多土方，于是将挖护城河及疏浚西苑的土方用来堆景山，构成人

中和殿木柱 / 左

北京故宫的营建中，木材是大宗使用的材料，明朝宫殿多用楠木，曾以皇家权力役使人民大力采伐，因此用材非常丰富。中和殿前粗细匀称的红木列柱，虽已有些斑驳，仍可看出其营建所费的人力、物力。

保和殿北面御路 / 右

在前朝三大殿之台基的南北正中部分是上下台基的台阶通道，在台阶中央是由三块巨石组成的御路。保和殿北面御路中这块最大的御路石上雕有宝山、云纹和游弋在云空的九条龙，称为九龙戏珠。

宁寿门旁琉璃照壁

宁寿门旁照壁系在白石须弥座上砌砖墙，墙头有琉璃瓦顶出檐，檐下有琉璃斗栱和额枋、檩桁照壁四角的岔和壁面中央的盒子都有琉璃花饰。

工制作的“背山面水”好风水环境。在现场先做地下工程，如水系涵洞和排水沟等，然后再进行地面上工程，避免相互干扰。所以紫禁城内建筑的墙，凡通过暗沟上的，都砌在沟盖之上，没有掏凿的地方。另于围墙下部留有材料进出口，以利施工，这些洞口现在还可以看到。

现场营建开工之前，先疏浚运河、通惠河，以利材料运输。在北京城里，工部设有五大厂，即神木厂、大木厂、台基厂、黑窑厂和琉璃厂，以便于加工及储存材料。同时在现场外，按尺寸预先制作木、石构件。由于中国自唐、宋以来就开始运用原始的模数原理，木、石、砖等各类构件的规格，彼此都有相应的比例关系，所以一座建筑基本尺寸定了，其他大部分都可按比例预先制作，然后现场安装。因此，动用了十万名工匠、百万名夫役的工程，才能在现场以三年多的时间完工。

2. 材料准备

永乐四年决定营建北京宫殿时，遂即派出尚书、侍郎等官员分赴五省采集木材。明朝宫殿多用楠木，这种木材大都产于四川、湖广、江西、浙江、山西等地。运输的办法是将采伐的木材滚入山沟，做成木筏，待雨季山洪暴发，再将木筏冲入江河，通过各种水路汇集到长江，进入大运河北上到通州，再经通惠河运到北京，往往需要三到四年的时间。由于民夫入山采伐非常艰辛，当时有一位官员目睹此情景遂写了一首伐木谣："永乐四年秋起夫，只今三载将何如。无贫无富总趋役，三丁两丁皆走途。山田虽荒尚供赋，仓无余粟机无布。前日山中去未回，县檄仓忙更催去。去年拖木入闽关，后平山里天正寒。夫丁已随瘴毒殁，存者始惜形神单。稚子多孤母多老，几度临门望归早。伙伴回家始报音，遗骸已润荒山草。官家役簿未除名，孤儿遗妇仍登程。去年丁壮已残殁，今年孤弱知无生。君门如天多隔阻，圣主那知万民苦。但闻木数已将完，王事虽劳莫怀土。"词意凄惨，男丁应役丧命深山，妇幼还得应征，既要服役又要照缴赋税。为建宫殿，百姓吃尽了苦头，不啻于秦始皇修长城。而皇家的木材却很丰富，北京城西存木材的仓房有3600间，直到正统二年(公元1437年)，宫殿建成后十几年，仍存有木材38万根。

永乐四年派人采集木材的同时，也开始烧砖瓦，因为这也是使用量很大的材料。单就城墙、宫院墙和砌三台用的城砖而言，估计需八千万块以上；庭院地面至少墁砖三层，而所有庭院铺地用的方砖，估计约两千多万块；再加上用于细磨干摆的面砖"澄浆砖"及"金砖"等等，总数量之大，可想而知了。

烧制城砖的窑在山东临清，那里窑群连绵，由遗址推测，每窑烧"皇砖"不过二、三千块，每块城砖重约48公斤，八千万块有193万吨重。当时规定，凡是运粮官船经过临清北上，必须装40块砖，民船装20块才准通行。

铺砌正殿用的方砖，产自苏州。这种砖颜色纯青，敲起来铿锵如金属的声音，所以称为"金砖"，烧制非常困难。明朝在苏州主持烧砖的一位工部官员所写的书中说，金砖入窑烧制的时间是130天。清朝江苏巡抚的报告说，制金砖从取土到出窑需要两年。不但烧制的时间长，而且在六、七块中，才能选出一块完整合格的砖，再加上官僚们验收时的刁难勒索，所以每块金砖运到北京，工部给一两多银子，是普通砖的几倍，但窑户也多规避不敢承担。因为烧窑是苦活，明初皇家建筑任务大，多用囚犯罚充，另外农民还要轮班服役当一年的“黑窑匠”。烧好的砖由运河经通惠河运到北京，储存在北京鼓楼前东侧的方砖厂(今名方砖厂胡同)。

屋顶用的琉璃瓦，明朝时在北京正阳门西南的琉璃厂烧制。现在和平门外还有琉璃厂的地名。清朝乾隆年间，嫌它污染北京的空气，改到门头沟琉璃渠烧制，烧制黑瓦的窑厂就在今北京南部的陶然亭窑台一带。当时取土制坯形成的洼地，后来积水，成为现在陶然亭公园的湖泊。

石材也是宫殿建筑大宗使用的材料。明朝早期对石材的规格要求严苛，台阶上的阶条石要“长同间广”，如乾清宫中心间(明间)面阔是7米，阶条石也要长7米，不能有接缝。这些石料采自北京西南的房山县大石窝和门头沟青白口，色泽青白相间，称为青白石或艾叶青，也有洁白如玉的大理石(又称汉白玉)。

巨大石料的开采、吊装、运输，在当时的条件下都是很繁重困难的。北京房山县大石窝，现在仍放着一块大石料，当地有个民谣：“大青不动，二青摇，三青去了卢沟桥。”所谓的大青指的就是这块石料，这是因为当时想尽办法也无法将它移动，所以至今还留在原地。较小的一块运到北京，第三块运去卢沟桥；卢沟桥在金代即已建成，若真有此事，大概是修桥时用的。明万历年间重建三大殿时，奉天殿前的御路石“阔一丈，厚五尺，长三丈余”，估计重达180吨。据说还在冬季运输，沿途每隔一里打一口井，把水泼在路上结成冰，然后拉着石头在冰上滑行，用了民工两万多，经28天运到北京，但是它比“三台”前后两块长16.57米、宽3.07米、重达250吨的御路石还轻70吨呢！

其他材料如白灰，室外墙壁抹的红土子，宫殿内墙壁涂的杏黄色“包金土”，彩画用的颜料及金箔等，也都采自全国各地。

3. 著名工匠

紫禁城修建的规划设计，要经工部审查，再由太监送给皇帝过目批准，才能实施。如果从档案记载上看，大都是督制规划的太宁侯陈珪、工部尚书吴中、太监阮安的名字，实

三大殿台基螭首 / 上

这种在栏杆望柱下伸出的兽头称为螭首，不仅有排除台基上雨水的作用，而且也成为台基的重要装饰。

钦安殿后栏板 / 下

钦安殿四周栏杆的每一块栏板上都雕有高突的双龙戏珠图案，四周有浅浮雕的卷草和龙纹陪衬，惟北面中间的一块栏板为海水纹；这些石雕形象鲜明，构图完整，系宫殿建筑石雕装饰的精品。

际上具体做规划设计的蔡信贡献最大。他自小学习工艺，具有瓦木各作(即工种)的知识，负责工程绘图等事宜，所做的方案被各作信服敬佩。

蒯祥　江苏吴县人，家传的木工技术。他的名字和紫禁城紧连在一起。父亲蒯福曾主持过南京宫殿的木作工程，当蒯福告老还乡时，即由蒯祥接管工程。永乐十五年(公元1417年)北京紫禁城进入大规模施工时，蒯祥随永乐帝到北京，主持宫殿施工，并设计绘图。传说他能用两手同时画出双龙，合起来看完全一样。又能操作，所以人称他为“蒯鲁班”。后来由营缮所的官员升为工部左侍郎。

杨青　瓦工，江苏金山人。擅长估算，精于统筹调配工料。后升任工部左侍郎。

陆祥　石工，江苏无锡人。从小随父兄学石工技术，手艺高超，雕琢精细，尺寸严格。朱元璋建南京时，曾应诏在南京服役，修建北京时，则掌管宫殿、坛庙的“石活”。各类石料，先在紫禁城外预先进行打凿、雕刻，然后运到现场安装。目前钦安殿的白石栏板、三台“千龙喷水”的螭首，都是明朝原物。后来陆祥也升为工部侍郎。

以上三人是明朝初建北京紫禁城宫殿的主要代表人物。

徐杲　原是一名木工工匠。明嘉靖三十六年(公元1557年)宫中失火后，三大殿及文、武楼等建筑需予以重修，但因建成已达百余年之久，且未留下详细的设计图样，徐杲和雷礼乃根据灾后遗址情况，凭着记忆，拟出修复方案。嘉靖四十一年(公元1562年)建成后，几乎和原来的一样。由于木料没有初建时那样充裕，他创造了用铁活合拼木料，代替整根的大柱子，节约了不少经费，亦即“估者至数十百万，而费只什一”。后也擢升为工部官吏。

梁九　清朝的建筑匠师，顺天府(今北京市)人。康熙三十四年(公元1695年)太和殿又焚毁，由梁九主持重建。他从明末著名工匠冯巧为师，并从师傅的传授中掌握了按比例制作模型的方法，动工之前，按十分之一比例制作了太和殿的木模型，供皇帝审查和施工用。现在的太和殿就是梁九设计的。

雷发达　“样式雷”的始祖。原籍江西省南康。清朝康熙初年，以工匠身份到北京服役，他能按比例绘制图纸，并用硬草纸板制作模型，屋顶可以取下，看到室内的装修，称为“烫样”。传说康熙八年(公元1669年)重修太和殿举行上梁典礼时，皇帝亲临现场，焚香行礼，一切就绪。不料大梁榫卯合不上，正当在场人人惶恐无措时，年过半百的雷发达攀到梁上，手起斧落，榫卯入位，典礼遂告成。他的高超技艺赢得皇帝的喜悦，当场敕受为营缮所的长班(技术领导)。于是编出了“上有鲁班，下有长班，紫微照命，金殿封官”的韵语。后来他的儿子也因营造有功，封为内务府七品官。雷氏家族的技艺传了七世，为清朝服务逾240年，直至清末。“样式雷”的图样和烫样，有一部分现在仍保存在紫禁城内。

明初修建紫禁城时有十万工匠，百万夫役，再加上历代皇帝的修建扩建，绝不会仅有这寥寥几位能工巧匠。大部分工匠虽未留下名字和事迹，但他们却共同创造了这全人类宝贵的古文化遗产。

沈阳故宫

——满汉蒙藏建筑艺术精华的融合

清代的宫殿建筑中，最具满族色彩者，莫过于沈阳故宫。虽然规模上不及北京故宫雄伟庄严，却是满清入关前的肇业重地，加上入关前、后经历代帝王的兴修扩建，成就其独特的艺术风貌，因而成为世界上研究我国清代早期建筑的惟一范例。

城—宫殿的结合与演变

沈阳故宫的奠基人努尔哈赤原系明末东北女真族(后称满族)的一位首领，他统一女真各部落，建立后金政权，进入辽沈地区，于天命十年(公元1625年)定都沈阳后，即一面改建旧城，一面大兴土木，建造宫室。由于沈阳故宫在历史上曾被称作“盛京皇宫”、“留都宫殿”，是清代开国时期两代帝王——清太祖努尔哈赤和清太宗皇太极修建的宫殿；清世祖福临也曾在这里改元称帝，使沈阳故宫成为当时清王朝的“肇业重地”，也是清王朝入关前统辖东北地区的政治中心。公元1664年顺治定鼎中原，迁都北京后，沈阳故宫即改作“留都”。它是目前除北京故宫外，全国仅存的另一座完整的宫殿建筑群，至今已有370多年的历史；并以其独特的建筑艺术风貌而闻名中外，是研究我国清代早期宫殿建筑惟一的范例。所以研究沈阳故宫的演变与女真族的迁都过

程以及当时政治、经济、文化和社会制度的发展有着密切的联系。

从都城的演变来看，女真族在进入辽沈地区以前，曾七易其都，城墙由最初的建州老城——不规则的原始土石山城，发展到后来建于平地的有一定规模和规制的砖石城，其防御设施亦从几乎没有，演进到雉堞、射台、敌楼、角楼、壕池一应俱全的、防备森严的皇城。如沈阳旧城原系明代“沈阳中卫城”的基础，规模较小，仅有一十字形街道，四座城门，一条通天街贯穿于城南北中轴线上。改建时，即将旧城东、西、南三门拆除，北门封闭(俗称九门)，改辟为八门，街道布置呈井字形，城墙用砖石拓高加固，增设650个垛口、8座敌楼、4座角楼，“创天坛、太庙，建宫室，置内街，修学舍，设阅武场，京阙规模大备”，接近王城图的规制，并更城名为“天眷盛京”。当皇太极在大政殿登基称帝时，大有与明廷抗衡，主宰天下的雄心。

在改建沈阳城的同时，努尔哈赤选择城的中心位置兴建宫室。如同都城的变迁一样，沈阳故宫从入关前到入关后修建的建筑群同样经历了一个由少到多，由简陋到华丽，由没有规范到规范化的发展演变过程。归纳起来，可分为两个阶段、三个时期。两个阶段系指清入关前和入关后，三个时期

大政殿 / 左页

大政殿系沈阳故宫最早建成的大殿，位置在故宫东路最北面居中，坐北朝南。整座大殿的八角形平面、重檐攒尖屋顶、黄琉璃瓦绿剪边、红柱金龙，构成清入关前建筑艺术的特征。

崇政殿

崇政殿位于故宫中路的前院，清乾隆二十七年(公元1762年)重建。虽为故宫中路中轴线上主要建筑，但仅采用简单的硬山屋顶，反映当时尚未采用已较为成熟的汉式宫殿建筑形制。

敬典阁山花

敬典阁位于故宫中路东侧，清乾隆时期增建。重要建筑歇山屋顶的山花部分经常施以装饰，构成皇家建筑金碧辉煌的装饰特征。

是指入关前的后金初创时期、盛京大融合时期和入关后留都增扩建时期。

1. 初创时期

努尔哈赤于公元1616年建立后金政权后，曾先后在建州(辽宁省新宾县)老城、赫图阿拉、界藩山、萨尔浒(今抚顺县)台地营建过宫室，一般均为三间到五间的硬山式青砖素瓦平房，有的甚至用茅草盖顶；栅木作墙。最初规模甚小，且宫室混居。如努尔哈赤的住宅和一般居民无明显差别。和妻子儿女同居一室，一、二家奴侍奉。以后由于“国事日繁”，才有了“汗”的住宅和办事的“大衙门”之分。这是当时仍处于奴隶制社会的女真族在国家政治、文化和经济基础还很薄弱的情况下形成的。自进入辽沈地区的辽阳新城后，后金的统治范围逐渐扩大，经济实力有所增强，乃在新城山冈上修建起一座琉璃瓦的“八角殿”和汗宫，开始初具宫殿的雏形。

2. 盛京大融合时期

努尔哈赤和皇太极定都沈阳后，于天命十年(公元1625年)到崇德二年(公元1637年)期间，兴建了一批宫室，即现在的沈阳故宫东路和中路两大部分(通称为早期建筑)。东路主体建筑有大政殿和十王亭，附属建筑銮驾库共32间，总建筑面积2225.2平方米。中路主体建筑即大内宫阙，包括大清门、崇政殿、凤凰楼和高台上的清宁、关雎、麟趾、衍庆、永福五宫。另外，还增建飞龙、翔凤两阁，东西朝房，下马碑，文德、武功两坊以及堆子房、档房、肉楼、熬蜜房、仓廒、粉子房等附属建筑(现均无存)，共232间，总建筑面积9423.8平方米。随着后金国家政治、经济、文化等方面的迅速发展，特别是进入辽沈地区后，接受了汉族建筑文化的影响，使这个时期的宫殿建筑出现多民族建筑大融合的趋向。诸如在建筑结构形式上，既有汉族的斗栱、彩画和八角重檐的大木架结构(大政殿)、四角起翘的歇山式楼阁(凤凰楼)，又保留有女真族的栅栏墙、硬山式顶、高台建筑、火炕取暖、落地烟囱等传统形式；在建筑装修上，既吸收了汉民族的精湛技术，又注意结合满族、藏族、蒙族建筑艺术的特点。这种多民族建筑艺术的大融合，使沈阳故宫的早期建筑具有浓厚的地方色彩和粗犷风格，与北京故宫有着明显的差异。

3. 留都增扩建时期

自盛京改作留都后，虽经顺治、康熙、雍正三朝，但百年来竟未增添一砖一瓦，未增辟一处驻跸所。乾隆初巡盛京时，鉴于旧宫为太宗所居，“不敢复履”，只好在宫内空

凤凰楼背面

凤凰楼位于崇政殿北面，明天启七年至崇祯八年间(公元1627—1635年)初建，清乾隆二十七年(公元1762年)重建。与清宁、关雎、衍庆、麟趾、永福等五宫建在高3.8米的高台上，形成故宫中宫高殿低的格局。

地搭设帐棚，临时居住。直到乾隆十年，才决定在修建敬典阁的同时，兴建东西行宫，从而结束了盛京皇宫长约一个世纪萧然冷落、旧貌依然的历史，打开了以后40年增修改建盛京皇宫的序幕。新建敬典阁表面上是为了存贮玉牒(皇室族谱)的目的，实际上则是解决皇帝巡幸盛京期间的驻跸所问题。这次新建的行宫包括位于崇政殿东侧的皇太后驻跸所颐和殿、介祉宫、敬典阁共26间，总建筑面积963.43平方米；以及崇政殿西侧的皇帝后妃驻跸所迪光殿、保极宫、继思斋、崇谟阁等主要建筑共48间，总建筑面积1298.64平方米。同时又于崇政殿和凤凰楼之间的东西两侧新建了协中斋、师善斋、日华楼、霞绮楼。并按京师之制，在崇政殿前增设日晷、嘉量，起高月台，翻修崇政殿，更换殿内屏风和宝座等陈设。以上东西两所的增建，就是俗称的中期建筑。

之后，到乾隆四十三年（公元 1778 年），在移建太庙于“阙左”的同时，又在西路兴建了一组建筑群，包括文溯阁、仰熙斋、九间殿、嘉荫堂、戏台、扮戏房等，加上值班房等共计 81 间，总建筑面积 2510.27 平方米，于乾隆四十八年竣工。此即以后人们称之为沈阳故宫的晚期建筑。

这两次大兴土木，增建的东西两所和西路建筑群共155间，总建筑面积达4772.34平方米。可以说，这是盛京皇宫历史的延伸和发展，是正处于乾隆盛世的清王朝国力、财力、物力强大和雄厚的标志，和乾隆本人好大喜功、力求改变留都旧貌的主观愿望和审美意识也有着重要的关系。他十分注意新旧建筑风格上的协调，曾经谕示：“两边新建宫殿俱照旧式宄镶边琉璃瓦件”，对于建筑标准也是“惟期朴素弗期宽”，力求“规制俭朴，一遵家法”，以体现“溯源根本，弥深追远”之情，使留都宫殿更趋完善。

这个时期的宫室建筑造型小巧别致，如继思斋的方形平面、勾连搭卷棚屋顶等，与北京紫禁城内乾隆所建的宫殿，有相似之处；建筑类型增多，如藏书阁和戏台；建筑构造更加严谨，恪守清工部《工程做法则例》；斗栱装饰彩画益趋纤细、华丽，表现了清中期官式建筑的风格。

这里，还值得一提的是入关前建筑材料方面，也有一个进展的过程。即由初创时期不规则青砖到以后较规则的青砖，由素面砖到雕花砖，由民营青灰瓦到官窑琉璃构件。沈阳故宫用的琉璃瓦发源于辽宁海城侯家窑(即黄瓦窑)。民间流传：“有汗王(指努尔哈赤)就有黄瓦窑了。”《满文档案》曾记载天命六年“……海城自析木城送绿碗、罐、盆子之人，因其创造于国家有用之物，赐与守备职(指五品官)，赏银二十两。”这“送绿色罐子的人”就是努尔哈赤时期的侯振举，他原籍山西，世袭专为皇家宫殿烧制琉璃构件。

沈阳城—宫殿的演变，从后金初创时的原始宫殿，到辽阳的八角殿，进而到沈阳城的大殿楼阁，留都的增扩建宫室为止，在总体布局、建筑规模、建筑质量、建筑材料、建筑技术等方面都日趋完善，逐步向壮观华丽的正规化皇宫发展。在设计思想上，亦由原始以解决居室为主到十分重视体现“壮君威”显示皇权至上的设计思想。

纵观沈阳故宫宫殿建筑的演变过程，可知宫殿是帝王统治的中枢，也是发布政令、军令的场所，不论奴隶社会或封建社会，每一个王朝在推翻旧政权的时候，都要新建、改建或扩建宫殿；宫殿的规模和豪华程度要视当时王朝的政治和经济实力而定；由于统治者的民族不同，所建宫殿便根据不同的文化、政治思想以及礼仪制度、艺术爱好而具有民族的建筑特色，沈阳故宫早期建筑风格便是明证。总之，沈阳城—宫殿的演变，体现了女真族社会制度由奴隶制进到封建制，政权范围由小到大，文化素质由低到高，经济实力由弱到强的转化过程，从而为逐步统一东北、问鼎中原打下了基础，它是明、清两代兴衰交替的历史见证，也是女真族谦虚好学、勇敢进取的民族精神的大发扬。

总体布局

我国传统建筑特别是宫殿建筑，从建筑哲学观来看，表现出守土重农思想和敬天法祖的天道观、宗法观。在建筑形式上体现为四合院的封闭性，群体布局上的严格礼制、等

西所入口 / 上

故宫中路的东、西两侧建有东所(颐和殿、介祉宫、敬典阁)及西所(迪光殿、保极宫、继思斋、崇谟阁)两组建筑群，系清乾隆时期增建。

戏台台口 / 下

戏台位于故宫西路嘉荫堂的前院，建于清乾隆四十七年(公元1782年)。戏台三面开敞，坐落在90厘米高的台座上；台内顶棚有八边形藻井，正中圆光绘坐龙图案，四周系绘仙鹤图案的天花。

级、尊卑和长幼秩序。沈阳故宫的总体布局和北京故宫的总体布局一样，也深深地打下了古代宗法观念和礼制的烙印。

沈阳故宫的总体建筑布局分为三大部分，即东、中、西三路，如前节所述。东路为清太祖努尔哈赤时期建造的大政殿和十王亭。中路为清太宗皇太极时期续建的大内宫阙。西路是乾隆时期增建的嘉荫堂、文溯阁、仰熙斋、戏台等。在中路东西两侧还建有两组建筑群，为皇帝东巡时的驻跸地，俗称“东所”和“西所”。整个建筑用地呈南北向较短，东西向较长的长方形。今沈阳故宫占地总面积为63272.53平方米，总建筑面积为161421.34平方米，有房屋96所，419间。其总体布置特点是：

1. 主次轴线突出，功能分区明确

如上所述，沈阳故宫的总体布局共分东、中、西三路。每一路都有一条明显贯穿南北的中轴线。此外，在中路崇政殿的两侧又有两条次中轴线贯穿东西所。五条有主有次的南北纵向轴线虽然彼此平行，却把五路的建筑群连成一体；三个部分虽然是分期建造，其布局则宛如一气呵成，完整和谐。每个部分用围墙分隔，充分发挥其各自的使用功能。而各路建筑群均高低结合，错落有致，有主有次，等级分明可辨。

东路轴线主体建筑大政殿是皇帝临朝之地，沿轴线两边呈八字形布置的十王亭则是两位翼王和八位旗主办公场所，均按满洲八旗旗序排列，整体效果十分协调，尺度、装饰、色彩对比都有独到之处。清仁宗(颙琰)诗谓：“大政居当阳，十亭两翼张。八旗皆世胄，一室汇宗璜。”描绘出该组建筑的主导思想，是要体现努尔哈赤时期君臣共议国政的政治体制，因之所建的宫殿，可算是宫殿建筑中的一种独创。后来由于皇太极加强了中央集权，设立三院六部后，八旗制度才逐渐失去它的作用。

中路纵轴线上采用前朝后寝的布局形式。前朝的主体建筑是供皇帝上朝听政用的崇政殿，位居正中，而与之相对应的则是群臣候朝的大清门，一南一北，一上一下，主次分明。后寝五宫中，主体清宁宫居中，是皇后国君福晋的住所，两侧四座配宫分别为帝妃大福晋、侧福晋的住房，不仅其等级和位置排列丝毫不能僭越，而且诸如房屋举架、

大政殿正面
双龙蟠柱

龙身绕柱三周；龙头向上并且探出柱外，面向中心的火焰宝珠；两只前爪，一伸扬柱外，一攀依额枋；后爪及龙尾均紧贴于柱身。

大清门山墙墀头 / 左

汉族传统建筑中，龙是皇帝的象征，沈阳故宫在营建装修上也吸取了这种传统手法。大清门两面山墙的墀头中段有突出的龙纹琉璃装饰，有的龙头向上，有的俯着朝下，姿态生动活泼。

大政殿槅扇门裙板 / 右

大政殿为八角重檐攒尖顶建筑，在其八个面中都设有扇门，门上的槅心为斜方格子，门下裙板则饰以龙首朝内盘于圆形框中的龙纹，且左右二龙互相对峙。

进深大小亦按嫔妃地位、等级而有所不同。供皇帝东巡的驻跸地东西两所的两组建筑群同样按尊卑长幼布局，不能随意逾规。在崇政殿与清宁宫之间矗立起一座凤凰楼，高大雄壮，好像一组交响曲音符中，突然奏出一个高音符那样悦耳动听，扣人心弦。楼建于高台之上，更增添这组建筑群的空间变化感和景观效果。其他几路中轴线上亦穿插了类似的楼阁，与周围建筑高低错落，同样给人以视觉上的美感享受。

西路中轴线上的一组建筑群，主要功能是供皇帝东巡时舞文弄墨、休息和看戏娱乐之所，建筑亦有主次之别。如皇帝看戏娱乐的嘉荫堂位居正中，而陪皇帝看戏的大臣们则分坐于两旁游廊上。通过建筑的尊卑等级，处处体现出皇帝身份的高贵和尊严。

2. 组合不同庭院，丰富内外空间

沈阳故宫在总体布局上利用不同方式组合庭院，创造变化的环境气氛，采用多种艺术手段，形成室内室外浑然一体的空间。

中国传统建筑的室外庭院与西方庭院迥异，西方室外庭园大，起分割建筑、主导空间的作用，体现天人对立的哲学观；中国庭园小而巧，主组合建筑空间的作用，体现天人合一的哲学观。沈阳宫殿建筑庭院也是天人合一哲学观的产物。它根据不同的使用要求，采取各种不同的封闭形式。如

用建筑、高墙、回廊等方式进行围合或封闭，使庭院产生各种不同的空间艺术效果。

东路是由大政殿和十王亭所围成的庭院，呈狭长“冂”字形，中间是一条长长的御路，因而使庭院更显肃穆和深邃，符合了君臣议政的庄严场景。

中路崇政殿前的庭院，系由周围建筑所围成，亦呈方形，空间较宽敞，加上殿前设置有月台、丹墀、雕龙御路、日晷、嘉量等装饰小品，与金碧辉煌的大殿相互辉映，益加烘托出朝政用庭院空间所具有的政治和庄严气氛。当人们从凤凰楼过渡到由高台寝宫所组成的四合院式的庭院空间时，就立刻产生另一种亲切和谐之感。尤其是东西所用建筑和高墙围成的四进小型庭院空间序列，更具有浓厚的居住生活气息。如采取以砖砌小通道，或以小游廊连接前后寝宫，庭院中又配置太湖石景、植树种花等方式，把自然和人工景观借入室内而成别致的框景，使室内室外浑然一体，更增添了居住环境的幽美和宁静，在咫尺之内予人不尽之感的同时，油然而生“庭院深深深几许”的意境。

西路庭院的形式更是活泼多变，如芍药圃庭院用过渡性空间回廊组成，既丰富了院落的空间序列感、又方便院内行人交通往来，从而把文溯阁与仰熙斋前后两座建筑连成一个整体。而嘉荫堂两侧围廊和戏台所围成的廊式封闭院落，因围廊外侧用砖墙封闭，向天井一侧开敞，形成一个对外隔绝，对内开敞的共享空间(俗称“戏台天井”)，不仅为演出提供了良好的表演环境和音响效果，而且又便于观戏者集中注意力看戏，满足了赏戏娱乐的功能要求。

3. 采用高台建筑保持民族习俗

高台建筑系早期女真族生活于高山之上所形成的一种独特的建筑风格。皇太极在续建中路后妃生活区时，即将五座寝宫和前面的凤凰楼全部建在3.8米高的高台上，四周用高墙封闭，单独成为一个方形城堡。而把大殿置于高台南端的平地上，形成殿低宫高的建筑格局，正好与北京故宫的殿高宫低的格局相反。在中路寝宫区高台四周绕有2.5米的高围

大政殿内须弥座基坛 / 上

这是一组木构件的室内须弥座基坛，上有凹凸线脚和纹饰，中间部分则有龙纹装饰，与中国传统建筑中以砖或石砌筑的须弥座材质相异。

大政殿及十王亭鸟瞰 / 下

大政殿东、西两侧依序排列着十座亭子(俗称十王亭)，其中最靠近大政殿、向前略为突出的两座系左、右翼王亭，其余八座则按八旗旗序呈燕翅状排开。整体布局和谐，形式独特，气氛庄严肃穆。

墙，高围墙之外，更砌有一道起自平地的高墙，其高度超过高台围墙地面约1米左右。两墙之间距离90厘米宽，形成四周相通的一圈狭长的更道，供宫内更夫巡宵守夜，以保卫皇帝和后妃们的安全。这种在高台四周布高墙的防御措施，据《左传》“崔氏碟其宫而守之”(襄公二十七年)的记载，可见早在殷商时期就有这种防御形式了。公元1986年修缮更道时，在内墙下发现一个券门台阶遗痕，据国内学者证实，这是在乾隆未开辟高台区西便门和石阶前所使用过的入口，为原来高台与平地之间的交通联系，以后在修外墙时，才将券门砌入高墙内，另辟西便门代替。

单体建筑设计

清入关前的早期建筑，其主要宫室单体设计受宋、元建筑的影响较多，斗栱疏朗，色彩偏暖，风格粗犷，整个建筑做到“华而不侈，俭而合度”。入关以后，于雍正十二年，清工部《工程做法则例》正式公布，乾隆十一年至四十八年东西两所及西路建筑才陆续扩建和增建完毕。因而后建的一些宫室和早期的建筑相比，存在明显的差异，例如精细的构造、华丽的装修、纤巧的风格，逐渐趋向程式化和规范化等，这些差异也是当时清王朝政治生活、宗教习俗和审美观点在建筑上的具体反映。

1. 大政殿

大政殿位于沈阳故宫东部中轴线的北端，原称“大衙门”、“笃恭殿”，后更名为“大政殿”。它是沈阳故宫内最早的一座宫殿，为皇帝举行大典和重大活动的地方。平面是按辽阳八角殿仿建的。大殿建在每边长9米、高1.5米的须弥座台基上。南有一条笔直御路，台基上有雕刻精细的荷叶净瓶石栏杆，周围出廊。屋顶为重檐攒尖式，满铺黄琉璃瓦绿剪边，外檐出五踩双下昂斗栱，外檐柱和内檐柱都呈圆形。殿的正面有两根雕刻生动的金龙蟠柱。殿内“彻上露明造”，有满绘彩画的斗栱和天花降龙藻井，藻井四周为汉梵文团字，艺术风格独特。

十王亭分布在甬道两侧。各亭平面相同，均为正方形，三面砌墙，正面辟槅扇门，周围出廊，角柱为圆形，其他檐

崇政殿内皇帝宝座

位于沈阳故宫中路前院的崇政殿，是皇太极日常视朝处理重大政务的金銮宝殿，殿中地坪上设有龙纹透雕宝座和金漆屏风，衬以宝座前两条飞升的金龙蟠柱，更显现其堂皇的气势。

崇政殿山墙琉璃装饰

崇政殿的垂脊以及博缝板均以彩色琉璃装饰。蓝色行龙一条接着一条，龙首全部向上；在每条行龙前都有红褐色火焰和深蓝色宝珠，行龙和宝珠之间有绿色水纹和各色流云，形成一幅云水间众龙追逐戏珠的彩绘，也是山墙上一条五彩缤纷的装饰彩带。

柱为方形，内部梁架为月梁卷棚式，但外观则为别具一格的起脊式歇山顶，青瓦盖顶。这组建筑处处突出八字，如前所述，它正是清入关前努尔哈赤执政时以八旗制度为核心的军政体制在宫殿建筑上的写照。

2. 崇政殿

崇政殿是皇太极在位时上朝和举行庆典或接见等国事活动用的金銮宝殿，与大清门同期落成。建筑形式亦与大清门同，均为面阔五间的硬山前后廊式建筑，只是建筑装饰更为堂皇。在五脊和墀上嵌有五彩琉璃，极富装饰性。殿前围有石栏杆，正中有双龙戏珠浮雕御路，檐柱规方，金柱呈圆，门窗嵌三交六椀槅心板。殿内“彻上露明造”，雕梁画柱，不饰天花。正中有凸形堂陛，地坪上设有龙纹透雕宝座和金漆屏风。殿外月台东西两侧设有日晷、嘉量。殿两侧各设翊门三门，明间为穿堂，檐檩下有两根与檩直径相同的圆木，圆木中间有荷叶墩槅架，这是典型的皇太极时门的建筑风格，与十王亭外檐构造十分相似。

3. 凤凰楼

凤凰楼是皇太极续建的宫殿中惟一设有斗栱的歇山式建筑。楼建成后，皇太极常在此与众臣论政，有时也作宴赏小憩之用。入关后改为存放历朝帝王像和其他文物的地方。楼平面呈正方形，广深均为三间七檩，周有围廊。底层明间辟门，为出入高台内宫的孔道。二层有汉梵文及凤凰纹图案的藻井，“彻上露明造”，三层梁架，梁架满绘红底的和玺彩画，屋顶为黄琉璃瓦绿剪边，高敞壮丽的外形，成为当时沈阳城内最高的建筑，登楼可观日出，“凤楼晓日”是著名的“沈阳八景”之一。此楼与早期其他殿室不同处，除设置斗栱外，底层楼柱子均为圆形，而其他宫室则为方柱、圆柱并施。故其风格与中原建筑风格较为接近。

4. 清宁宫

清宁宫俗称“正宫”，是清太宗皇太极和皇后博尔济克特氏的寝宫，位于中路轴线的最北端。它与凤凰楼和其两侧的四座配宫同建于高台之上，组成一进四合院式院落。宫面阔五间十一檩，硬山式前后廊，黄琉璃瓦绿剪边屋顶，屋脊有龙凤纹饰。四配宫分别为宸妃、贵妃、淑妃、庄妃的住所。正宫清宁宫平面配置带有传统的满族住宅特点。即“口袋房、蔓枝烧、烟囱出在地面上。”大门不在居中的明间，而是开在东次间，入门西四间呈口袋形，故俗称“口袋房”。东梢间为暖阁，暖阁内又用落地罩分隔成两小间，北间设龙床，南间设炕。南、北间皆为皇帝安息之处，室内阳光充足，气候暖和，皇太极崇德八年八月就坐在东暖阁南间炕上“无疾而终”。外屋西边四间，作为萨满教祭祀用的神堂，空间开敞，南西北三面有相连的“万字炕”。走进正门，就可以看到对面傍北炕的两口大铁锅和锅灶，傍南炕有一长2米、宽约1.3米的长方形案台(下设灶炕)，那是用来杀猪和煮祭肉的地方。举行祭神仪式后，君臣一起围坐在万字炕上共食祭肉，称为“吃福肉”(白肉片)。这个制度一直沿袭到入关后，在北京紫禁城的坤宁宫、宁寿宫都仿效这样的传统布局。至今在满族聚居区仍有吃“白肉血汤”传统风味肉食的习尚。院内东南角竖有索伦杆，顶端设一锡斗，放置谷物和碎肉，喂养乌鸦祭天。相传努尔哈赤一次作战失败，落荒而逃，就在他体力不支倒地时，忽有一群乌鸦飞落其身加以掩护，使他得以死里逃生。后来满族人便奉乌鸦为神鸟，立索伦杆以祭祀，成为满族传统的祭天神杖。这是中国其他宫殿建筑中所没有的。

大政殿内降龙藻井

最上层内环井心饰有精致的木雕金龙；中层外环有八个井字天花，以圆形莲瓣装饰，莲瓣中央各有一个不同的梵文，具清代喇嘛教色彩。

5. 文溯阁

文溯阁始建于乾隆四十六年(公元1781年)，系仿明代宁波大藏书家范钦的天一阁，专为收藏《四库全书》而建的，也是全国存放《四库全书》著名的七阁之一。七阁为紫禁城内文渊阁、圆明园文源阁、承德避暑山庄文津阁、盛京皇宫文溯阁、扬州大观堂文汇阁、镇江金山寺文宗阁和杭州圣因寺文澜阁等七处。文溯阁为重檐硬山式，面阔六间，乃取《易经》“天一生水，地六成之”之意。楼进深九檩，明间以及东西次间的正面均不设槛墙，东侧面阔约2米的小间为楼梯间。各间均向内收一步架，单层出廊，成上收下放式的独特造型。外观为两层，内部三层，中间为一夹层，夹层北侧设一外挑2米宽的内廊，连贯东西两端间，形成一个中间开敞的大庭。整个建筑以冷色调为基调。屋顶用黑琉璃瓦绿剪边，除屋脊有兽吻外，各垂脊均不设置仙人、走兽等琉璃饰件，而代之以海水流云的雕刻纹饰，寓水从天降，象征消灾灭火的吉祥用意。

以上五个单体建筑只是沈阳故宫内主要的、有代表性的宫室楼阁，其他的宫室规模一般较小，但设计上亦颇具匠心。如西路的继思斋为勾连搭卷棚式外形，面阔、进深均为三间，乾隆东巡时作嫔妃们的住所。斋内包括寝所、书房、佛堂、盥洗等间，布局巧妙，犹如“迷宫”，加之各种精美陈设，使这座寝宫别具宫廷生活情趣。此外，还有供帝后们观戏的戏台等建筑，在扩大室内空间、尽量满足演出需求等做法上，亦有别出心裁的创新，就不一一赘述了。

建筑装修

建筑装修是宫殿建筑艺术的重要内容之一，从金光熠熠的龙凤彩画到玲珑剔透的石雕、木雕、砖雕；从色彩斑斓的琉璃饰件到璀璨多姿的木构件；从古色古香的室内陈设到充满诗情画意的匾额、对联等，都融会了我国多民族建筑艺术的精华，成为沈阳故宫建筑艺术宝库中一颗颗灿烂夺目的明珠。

表现浓郁的汉满蒙藏建筑文化交融的艺术风格是沈阳故宫建筑装修上一个十分突出的特点。如大政殿的柱廊式木构、斗栱铺作、降龙藻井等做法都属师承宋《营造法式》的汉族建筑形式，但大殿顶上的相轮、火焰珠、须弥座式台基、八条垂脊上的挞人、天花藻井中的梵文装饰，以及大清门、崇政殿的兽面柱头、龙形抱头梁、内外檐部的叠涩式做法等则又带有蒙古族、满族和藏族喇嘛教的建筑艺术风格。北京故宫中乾隆建的雨花阁、畅音阁亦有兽面柱头装饰，显然是受清早期建筑的影响。

彩画　沈阳故宫的各组建筑群依不同的修建年代、等级、

崇政殿内梁架彩画 / 左

崇政殿之内采用不饰天花的彻上露明造，梁柱完全暴露在外，上绘具地方色彩的和玺彩画；有的大梁彩画中央运用包袱形式，包袱中有红底沥粉金龙、朵朵蓝云和火焰宝珠。

(楼庆西/摄影)

文溯阁内景 / 右

文溯阁内底层的中央设有皇帝宝座，座前有雕花木桌，上置文房四宝，座后有屏风。

大政殿内皇帝宝座

宝座正中设有皇帝的御座，御座椅背及椅上立柱皆有透雕的龙形装饰，龙身精致且纹路清晰的龙鳞，以及正中昂首飞扬的龙头，姿态生动灵活。加上宝座上的黄绫坐垫，庄重威严，皇帝视朝坐于其上，益增其神圣不可侵犯的帝王权威。

使用性质和所处环境的不同，彩画装修亦各显特色。早期建成的大政殿、崇政殿、凤凰楼等等级高、使用性质严肃的宫殿楼阁，其梁枋彩画多采用以龙凤为主题的和玺彩画，象征皇权至上。其图案构图完整，用色鲜艳、形象生动。中路配宫和东西所级别稍低的寝宫施用旋子彩画。西路属读书、休息、娱乐场所性质的建筑，一般取京式苏画为主。彩画图案或山水人物或翎毛花卉，内容多样，形式活泼。但亦有例外，如嘉荫堂的彩画是苏式彩画和旋子彩画同时并用。文溯阁的彩画更别具一格，每间檩板枋正中的苏式包袱绘成V状，它不同于常见的半圆形包袱，尺度也比一般包袱要大。图案用白马、书函、龙负书等为题材，这是根据“伏羲有天下，龙马负书出于河”、“河出图、洛出书”等古代传统创作出来的。其彩绘“白马献书”图案，与这座藏书楼的性质十分吻合，雅致脱俗，达到功能与艺术上的有机结合，体现了我国古代匠师在彩画装修艺术上的高超技艺和巧妙构思。在彩画色彩运用上尊奉五行之说立色。早在秦、汉时即沿用此制，如秦居水德，便崇尚黑色；汉居土德，便偏用黄色；而周居火德，则以红为尊。因此早期宫殿多施以朱红色为主调的暖色，表示喜庆、富贵和吉祥。大政殿斗栱之间的垫栱板饰以大片红地，清宁宫室内红色梁枋，凤凰楼内檐的三宝珠红彩画不分枋心、藻头、不设框线的做法等，十分类似。三宝珠红彩画即内容以宝珠、卷草为主，色彩为红底上衬以青绿色卷草团花，与明、清时期各种青绿彩画有明显的不同。其图案类似于宋《营造法式》中“梭身合晕”图案，色彩也接近于《营造法式》中的“五彩遍装”的做法,仍保留古代早期彩画的遗韵。文溯阁藏书忌火，按五行立色，乃取《易经》“北方壬癸水”，其色属黑，故整个建筑采用冷色调，屋面用黑色琉璃绿剪边，柱、门框等油彩部位亦以黑褐色和绿色为主，寓意以水腾火。门窗裙板、绦环板则兼施白色，把藏书阁那种静谧清雅的气韵表露出来了。

琉璃 琉璃是中国很独特的建筑装饰材料，在宫殿建筑中，它把装饰和实用完美地结合起来，为中国建筑史增添了绚丽的光彩。沈阳故宫的屋顶、屋脊、墀头、山墙博缝甚至悬鱼都是采用海城县黄瓦窑烧制的琉璃。从釉色上看，和北京故宫的“一堂黄”屋顶不同，皇太极时期多采用黄琉璃瓦绿剪边两种色彩，可能系受元朝喜用多种颜色琉璃的影响。还传说采用绿剪边是女真族人对北方草原的依恋。但个别建筑如文溯阁东侧碑亭和嘉荫堂屋顶却例外地采用了“一堂黄”。从造型上看，琉璃墀头都做成多层须弥座，用多色琉璃装点。屋脊两端的琉璃大吻，脊部呈锯齿状的鳍，吻的尾部卷曲一周，中间透空，剑把部分饰有火焰宝珠，这些造型手法都是关内关外少见的。

清宁宫内梁枋彩画

枋心的彩画运用包袱形式，满绘红底沥粉双金龙，点缀朵朵流云，中有火焰宝珠，组成双龙戏珠图案。天花圆光作成龙凤图案，燕尾、岔角采用蓝、绿两色，井口满饰蓝色，支条则为浅黄色，与红色暖调的梁枋彩画形成色彩上的鲜明对比。

崇政殿兽面柱头

沈阳故宫在营建装修方面，除沿用汉族建筑的传统形式和技法外，又吸取喇嘛教的技术。崇政殿外檐柱头上方的木雕装饰，即受此宗教风格影响，中央是一个面似狮、角似羊的兽头，两旁则饰以卷草花纹。

木雕　在木构件的艺术加工中，一般利用构件本身形体质感进行艺术再创造，使其达到与建筑本身结构及功能相统一的效果。沈阳故宫大内宫阙的大部分宫室虽然不设斗栱，但檐下额枋通身透雕，上置一组截面呈梯形的雕刻构件，如同须弥座下的叠涩做法，这是藏族建筑“巴达玛”艺术风格的再现。这在宫殿建筑中是很少见的。对木构件进行艺术处理的另一突出实例是大清门和崇政殿联系内外檐柱的抱头梁(桃尖梁)，雕成一条引首探爪、曲体前进的木雕整龙，龙首探出外檐柱头之外，龙尾伸入内檐，真是活龙活现，引人入胜。这种雕龙构件在皇太极时期的宫殿建筑中到处可见。它也被北京紫禁城的雨花阁所采用。

石刻　石刻艺术在沈阳故宫建筑中，和木雕一样，亦被广泛应用于建筑装修中。其特点除了注意图案、纹饰、造型与建筑和谐外，还着意于石质色泽的选择。崇政殿丹墀上的栏杆、望柱、石阶、御路、抱鼓石等分别选用了红、绿、青、白多色石材，上雕双龙戏珠图案。大政殿石栏杆柱头花纹无一雷同，线条圆浑细腻，刀法遒劲，富有装饰艺术效果。

内檐装修　在室内布置方面，沈阳故宫主要宫室常利用雕花落地罩、屏风隔断、古典家具陈设和悬挂字画、匾额等形式，产生大小不同的负空间，以弥补传统建筑平面配置和空间层次上的单一感。如文溯阁夹层除固定隔断及槅扇窗外，还设置了半开敞的花罩，灵活轻巧；东所颐和殿、介祉宫室内透雕嵌玉地罩装修豪华典雅，对组织室内空间产生了增加层次和深度的作用。早期建筑的内部陈设由于历史的演变，多半是康熙、乾隆、嘉庆、道光四朝“东巡”时遗留下来的，其中颐和殿中凤纹宝座庄重古朴；皇太极御用过的鹿角椅，其艺术形式深受人们的瞩目，已成为稀世珍品。此外，由于字画匾额的广泛应用，把传统的书法、绘画艺术引入建筑中，起了美化环境的作用。如文溯阁的九龙透雕匾额、戏台的楹联，以及各主要殿室内高悬的横匾等，可谓集草、隶、篆之大成，融建筑绘画、雕刻、书法于一体，形成我国宫殿建筑的特有风格。在殿名门额的写法上，与北京宫殿的写法不同。沈阳殿室门额采用满文在左，汉文在右的写法，这是因为入关前按满文以左为先的习惯写法。入关后则按汉人以右手为先的习惯写法。故北京故宫各宫殿匾额的写法是满文在右，汉文在左，正好与沈阳故宫宫殿门额的写法相反。

清宁宫后烟囱 / 左

烟囱设置在宫后西端2米处，这是满族人民生活习尚反映在建筑取暖形式的一大特点。紫禁城内的坤宁宫及宁寿宫，室外也设有烟囱。

清宁宫东暖阁南炕窗下灶门 / 右

东暖阁有南、北两座炕，所以在东间窗下分别有八层砖砌成的“凸”状塔形灶门，灶门下为方形灰坑。

取暖设施 沈阳故宫地处北国寒冷地区，入冬后各宫殿均采用火炕和火地取暖。一般是在室外留灶门、灰炕，以保持室内清洁。清宁宫内取暖采取设有烟囱排烟和不设烟囱排烟两种方式。东暖阁有南、北两炕，故在东间窗下分别有八层砖砌成之“凸”状塔形灶门，灶门下为方形灰炕。一般在宫室一侧(沈阳大内配宫烧火灶均放在宫室背面的南侧)屋基之上有正方形开口，上盖厚木板与地面平。揭开厚木板，在方口下有1.5米左右用青砖砌成的灰炕(70厘米×70厘米)，炕上靠近宫室一侧为拱形灶门，用青砖砌成，灶下为铁箅子，木柴或木炭从铁箅子里放入，点燃后，烟由火炕或火地搭成的条洞由右向左循环一周后，通过灶门两侧的长条形排烟道排出，既能取暖，又可省烟囱，设计十分巧妙。北炕因在室外烧柴，在烟道连通西间，使烟从宫室的大烟囱排出。而南炕因不设烟囱，燃烧的烟火先通过火地，再升入炕道，然后，通过设在拱形灶门两侧的从上至下的长条形烟道，将余烟回旋排出。这种出烟方法俗称“二龙吐须”。清宁宫西间的“万字炕”则是通过进门北间的两口锅灶和西边的一口锅灶烧柴取暖。余烟也是经过条洞后从室外的烟囱排出。烟囱设在宫后西端2米处。北京紫禁城内的坤宁宫及宁寿宫，室外设有烟囱，这也是满族人民生活习尚反映在建筑取暖形式上的一大特点。

综上所述，沈阳故宫这座完整的清初宫殿建筑群是迄今保留下来最具满族特色的古建筑群，就其建筑规模和建筑艺术形式来说，虽无北京故宫那种“千栌赫奕，万栱崚层”的气势，但其轴线突出的总体布局、粗犷多变的地方风格、精美华丽的建筑装饰、多民族建筑艺术的交融等众多特点，却是中国宫殿建筑宝库中的珍贵遗产，更是古代匠师智慧和血汗的结晶，值得后人深入探索、研究和借鉴。

如努尔哈赤时期兴建的东路建筑群，其中大政殿是当时后金王朝举行大典的殿堂；十王亭除北端的两翼王亭之外，其余八亭则依八旗序列设置，乃努尔哈赤召集八旗旗王商议国事、供八旗旗王办公的地方。这种将皇宫的主要大殿与王臣的办公建筑同置一处，乃沈阳故宫有别于其他古代宫殿建筑的突出特点。皇太极时期建造的中路建筑乃沈阳故宫的主要建筑群，呈现宫高殿低格局的布置方式，其产生可能与女真人的生活习惯有关。由于女真族长期生活在长白山地区，习惯居于高山台地，努尔哈赤建立后金国后曾在数地建过宫室，且大都兴建在高地之上，并将这种习惯带入沈阳故宫。

沈阳故宫的建筑装饰除继承和沿用汉族建筑传统外，又融入满、蒙地区特有的一些技法和趣味。如大政殿藻井外环八个井心圆光中各绘有一金色梵文字，使彩画中带有宗教色彩。在大政殿、崇政殿和大清门的檐柱上都可看到柱头上方各有一兽面形象的木制装饰，有的在兽面四周又饰以卷草纹样，这种在柱头部分进行装饰乃喇嘛教建筑中常用的做法。

从沈阳故宫的规划、建筑形式和建筑装饰可看到清代早期建筑上的一些特点，此乃因清太祖努尔哈赤及清太宗皇太极在建立清王朝的过程中注意吸取汉、蒙各民族的先进技术，并录用明代降官、招募各族工匠艺人，然后反映到统治阶层的宫殿建筑上。所以在沈阳故宫的建筑上，一方面表现了原来的政治状况和生活习俗，另一方面又沿用了汉族建筑的传统形式和技法，同时又吸收了喇嘛教建筑的一些形式和装饰手法，而这些因素则是构成清代早期建筑具有多民族文化互相融合的特点。

中国古建筑之美

·宫殿建筑·

末代皇都

北京故宫

沈阳故宫

北京故宫

北京故宫始建于明成祖永乐四年，主体建筑沿中轴线向北分布，分前朝后寝。并列于高台上的三大殿为前朝主要建筑体，以太和殿最具代表性；乾清宫为后寝各宫的主体，其后为帝王游冶的御花园。后寝各宫左右有东、西六宫并列，中轴线之外的次要建筑亦沿各自轴线向北分列，形成完整的建筑体系。城墙与护城河环绕宫城四周，不仅构成严密的保护线，亦形成宫城内封闭的生活模式，与外界隔绝，不为平民百姓所了解。在帝王政治解体后，后人始有幸一睹昔日的皇家风貌，宫廷生活不再是过去的不可知。本书北京故宫图版呈现北京故宫壮丽全貌，再经由午门，沿中轴线深探大内，揭开末代皇都的神秘面纱。

沈阳故宫

肇建于清太祖努尔哈赤时期的沈阳故宫，是清人入关前的政务中心。其建筑群相互平行，次第分列，共分三大轴线，分别为中路建筑、东路建筑与西路建筑；中路并增建东、西所，以为帝后出巡时驻扎之用。三大轴线建筑群各有其代表的政治意义与建筑风格：崇政殿、凤凰楼、清宁宫等为中路主体，是皇太极处理政务及寝居处，建筑形式融合各民族风格；东路以大政殿为主，殿前并列的十王亭代表清初以八旗为重心的政治制度；西路则为娱乐与书籍典藏处所，以文溯阁等建筑为主。本书沈阳故宫彩色图版将由中路建筑开始，依序介绍中路、东路、西路等建筑群，逐一展现沈阳故宫的建筑特色与装修之美。

图版

太和门御路与太和殿

/前朝三大殿

北京

太和门于明朝时称“奉天门”，后称皇极门，清初才称太和门。建成于明成祖永乐十八年，今日所见的太和门则是清德宗光绪年间所重建。太和门面阔九间，下有白石台基，前、后均设御路，上为重檐歇山顶，是紫禁城内最高大的一座门。太和门前、后均有广庭，前望午门，广庭上有内金水河及五座石桥，后隔广庭接太和殿，庭宽阔而无他物，益显出太和殿地位的崇高。图为太和门北侧御路及隔广庭相望的太和殿，殿堂高耸，立于三层台基上，太和殿左、右则为中左门及中右门。（**摄影/胡锤**）

北京故宫纵剖面图

由北京故宫中轴线的布局，从皇城的正门天安门、午门、太和门、进入前朝三大殿，越过乾清门，至皇宫内廷、后三宫，直到宫城的北门神武门，至北大门，可概略综观北京故宫的总体规划。

从此剖面图中，可以看出北京故宫主、次建筑之联系关系、空间变化，以及各建筑之排列次序、高低起伏情形。建筑群中，三大殿高踞在三重汉白玉石台基上。

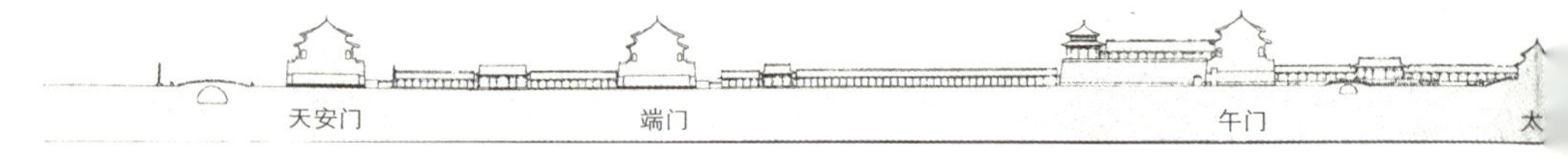

由景山望紫禁城

/ 前朝三大殿

北京

北京紫禁城是明、清两朝的皇宫，始建于明成祖永乐四年（公元1406年），清人入关后修葺而沿用之。现存建筑虽多为清代所修建，但总体布局大致保持原有面貌。紫禁城主要建筑群分前朝后寝，由南向北依次排列于中轴线上，次要建筑则分列中轴线两旁，左右对称。其总体建筑主次分明，重点突出，空间组合井然有序，是中国现存规模最大、保存最完整的宫殿建筑群。紫禁城气势宏伟、璀璨绚丽，不仅是中国建筑的卓越成就，也是世界绝无仅有的珍宝。

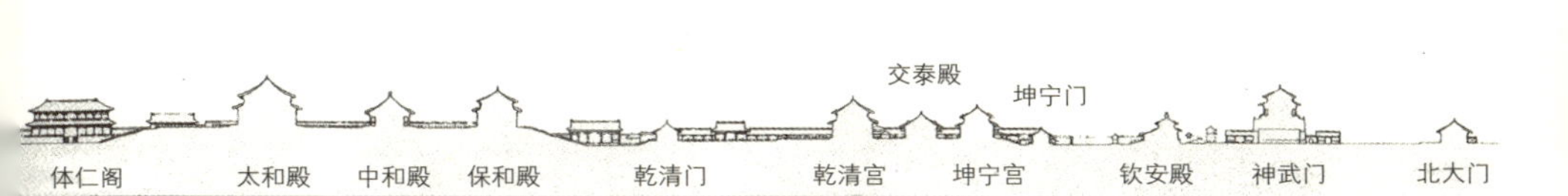

北京故宫总平面图

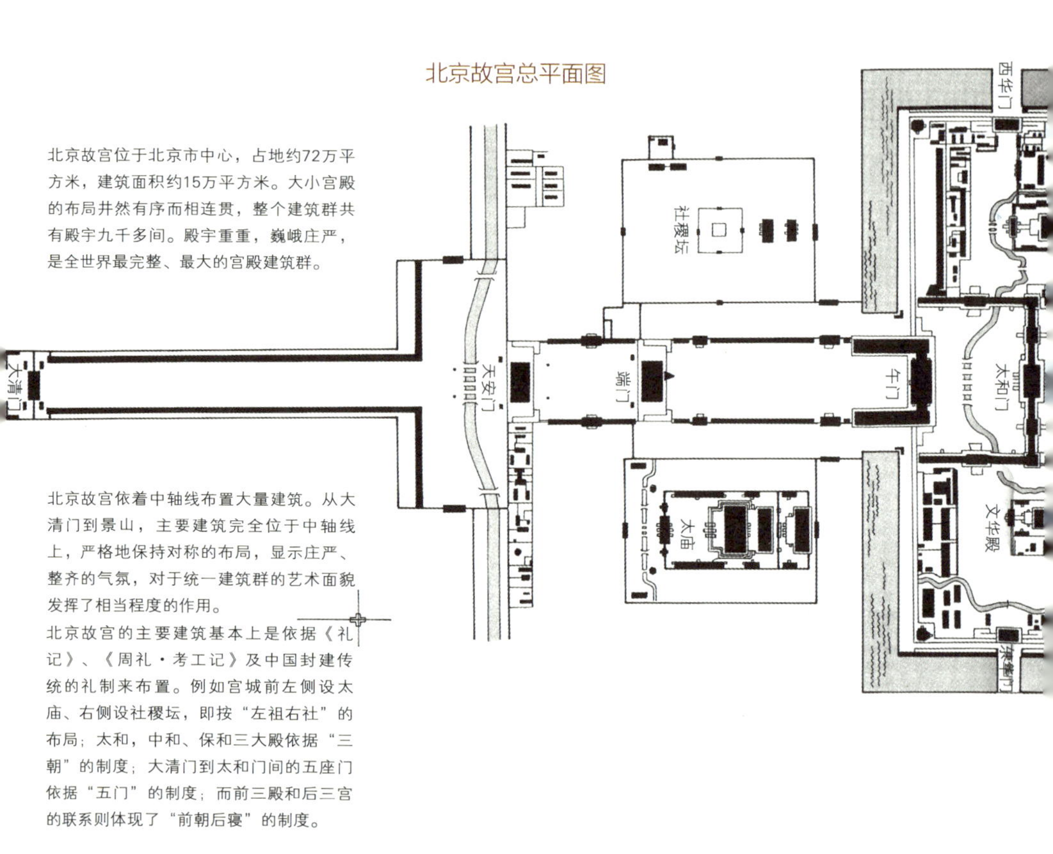

北京故宫位于北京市中心，占地约72万平方米，建筑面积约15万平方米。大小宫殿的布局井然有序而相连贯，整个建筑群共有殿宇九千多间。殿宇重重，巍峨庄严，是全世界最完整、最大的宫殿建筑群。

北京故宫依着中轴线布置大量建筑。从大清门到景山，主要建筑完全位于中轴线上，严格地保持对称的布局，显示庄严、整齐的气氛，对于统一建筑群的艺术面貌发挥了相当程度的作用。

北京故宫的主要建筑基本上是依据《礼记》、《周礼·考工记》及中国封建传统的礼制来布置。例如宫城前左侧设太庙、右侧设社稷坛，即按“左祖右社”的布局；太和，中和、保和三大殿依据“三朝”的制度；大清门到太和门间的五座门依据“五门”的制度；而前三殿和后三宫的联系则体现了“前朝后寝”的制度。

前朝三大殿组合示意图

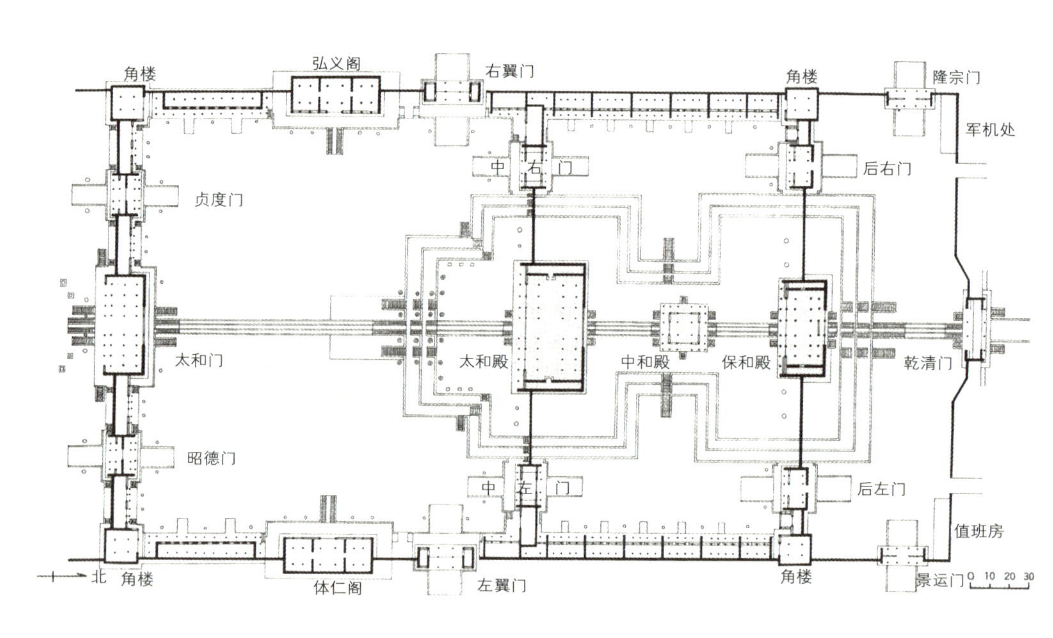

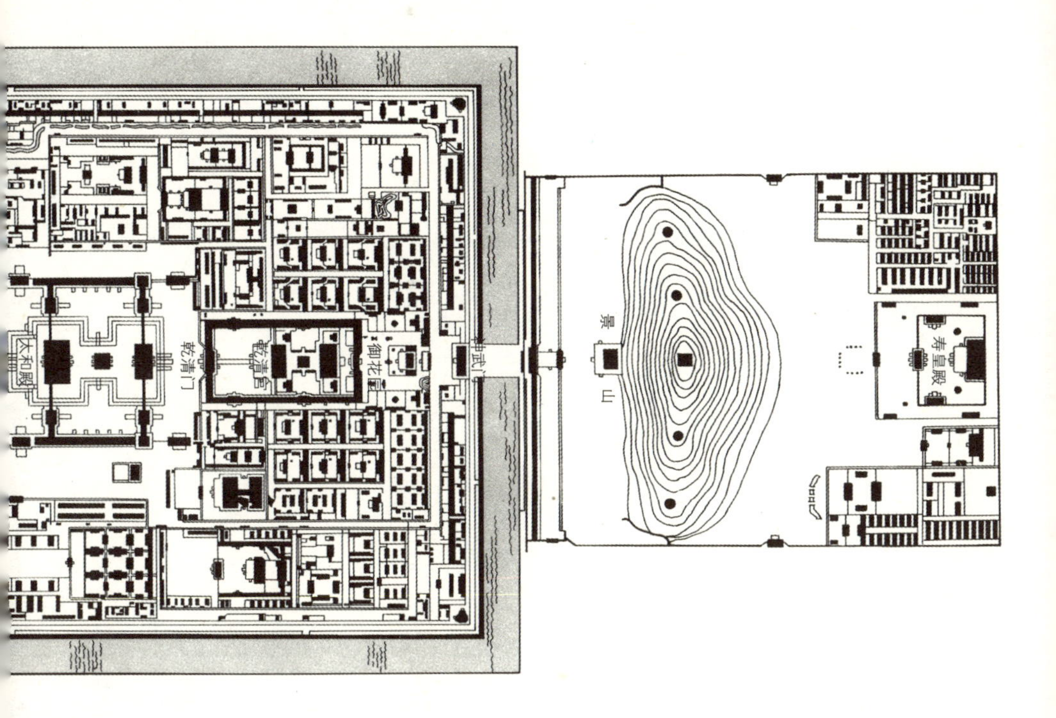

前朝三大殿组合示意图

穿过宏伟壮丽的太和门，是太和、中和、保和三大殿，这是外朝区域的中心，也是北京故宫中轴线上的最高潮。

三大殿的组合，是利用传统院落的组合原则。在一前一后的太和、保和两大殿(矩形)中间，布置了较小的中和殿(方亭)，调和前后两大殿矩形设计的呆板，并且以小衬大，造就明朗而主次分明的空间效果及高低错落的律动感受。

由内金水河回望午门

北京

自午门进紫禁城，便可见迤逦穿越宫城的内金水河及其上五座并列的精美石桥。自内金水河回望午门，可见内金水河畔的白石栏杆，望柱头雕刻朴拙，以凸显巍然的午门；午门高耸于河畔，由三面红墙环抱，左右阙亭相护，挺立于天地之间，巍峨壮观，显出昔日皇室庄严威慑的气氛。而内金水河由西向东流贯其间，沿河两岸曲折多姿的白玉石栏杆，形似玉带，青天白云掩映流转，缓和了午门的肃穆严谨，平添几许婉约之美。

午门阙亭与护城河

北京

紫禁城为皇帝居住的宫城，宫城外设陡直的护城河以保护帝王、后妃。而午门建筑平面呈⊓形，两翼各设廊庑十三间及阙亭两座，中央城楼与四座阙亭五峰突起，因此午门又有“五凤楼”之称。阙亭采四面坡攒尖顶重檐建筑，平面呈正方形，四条脊交结在屋顶中央，其上置一个圆形的“宝顶”。站在护城河岸回看午门，虽见不到午门全貌，但河中廊庑及阙亭倒影则随风掩映，清晰可见，在青天朗日中，为午门增加了几许媚丽之姿，也平添紫禁城的神秘气息，引起今人的遐思之情。

内金水河

北京

紫禁城宫城四周有护城河环绕，紫禁城内则有内金水河流贯。内金水河自宫城西方流入，在五行上属金，故名金水河，又为与天安门外的外金水河区别，因此名为内金水河。内金水河流经大半个紫禁城，由东南方流出，注入护城河。内金水河具有多方面功能，是宫内最大的水源，紫禁城南北及东西方向的下水汇集后流入暗沟，再泄入金水河内，形成宫城内排水网路。除了实用性之外，内金水河也有和缓宫城内严肃气氛的作用，建筑物倒影水中，另有一番韵致。图中之重檐歇山式建筑为太和门右侧的崇楼。

体仁阁

/前朝建筑群

北京

体仁阁明初称“文楼”，嘉靖四十一年(公元1562年)更名为“文昭阁”，清世祖顺治二年(公元1645年)更名“体仁阁”，现今的建筑则为乾隆年间重建而成。体仁阁坐落于高台基上，面阔九间，进深三间，屋顶为庑殿式，饰黄色琉璃瓦。外观为两层，中间另夹一暗层。上层檐、下层檐及平座皆饰有斗栱，梁枋绘一字枋心雅伍墨彩画。体仁阁与弘义阁分列于太和殿前两侧，相互对称，为内务府银库、衣库、缎库、皮库及茶瓷分庋之所，有其不可替代之重要地位。

太和门前左侧铜狮

／前朝建筑群

北京

中国建筑物中，在重要大门之前均有两只威猛的狮子并置，镇守左右，坐镇巍峨的大门，右边为母狮，左足前爪下有一只戏耍的幼狮；左首则为昂然的雄狮，右足前爪下压一球，作戏球状。本图即为左边之公狮，下压彩球，作啸吼状，颈项围以饰带及铜铃，雕工精细，铜铃之上更有一狮面，情态亦勇猛。虽历经时间的冲刷，仍可见当日神态，实为不可多得之优良铜铸品。

太和门前右侧铜狮

/ 前朝建筑群

狮子为百兽之王，性凶猛，因此多铸于宫殿、寺庙、陵墓等重要建筑大门两侧，作为护卫建筑群的象征。紫禁城中，在太和门、乾清门、养心门、长春宫、宁寿门及养性门前各列铜狮一对，其中，以太和门前铜狮体位最大。太和门为紫禁城前朝三大殿大门，因此在建筑上来说是宫内最大的门，装饰物等级也是最高。太和门前的狮子以青铜精铸而成，狮身作蹲坐状，与青铜台基坐落在汉白玉石须弥座上，威武壮观，为太和门增添了威武的气势。

太和殿正面全景

/ 前朝三大殿

北京

太和殿是紫禁城前朝三大殿之首，也是宫内建筑群中等级最高者。大殿面阔十一间，长60.01米，进深五间，宽33.33米，按四柱为一间计算，共65间，建筑基座面积2377平方米，重檐庑殿式顶，通高37.44米。在明、清两代，举凡皇帝即位、皇帝大婚、册立皇后、命将出征及每年元旦、冬至、万寿三大节等日，皇帝在此接受朝贺并赐宴，平日则不使用。图为自太和门望宏伟的太和殿，其间的广袤庭院，益显出皇威无限。图下方则为太和门前的御路石雕。

太和殿立面·剖面·平面示意图

太和殿正立面图

太和殿俗称金銮殿，是皇帝召见朝臣、授命出兵征讨，以及举行节日庆典等主要场所，也是紫禁城内最高大的殿堂。

太和殿建在台高8.13米的三重汉白玉石台基上。通面阔十一间(60.01米)，进深五间(33.33米)，殿总高37.44米，基座面积2377平方米。屋顶采重檐庑殿式，黄琉璃瓦，上层檐斗栱出跳四层，下层檐出跳三层，斗栱等级最高。殿内有72根楠木柱，殿的正中设有金漆雕龙宝座，象征君权至高无上；宝座四周围绕6根蟠龙金漆柱，后面有7片连装金漆大屏风，设计极为尊严高贵。

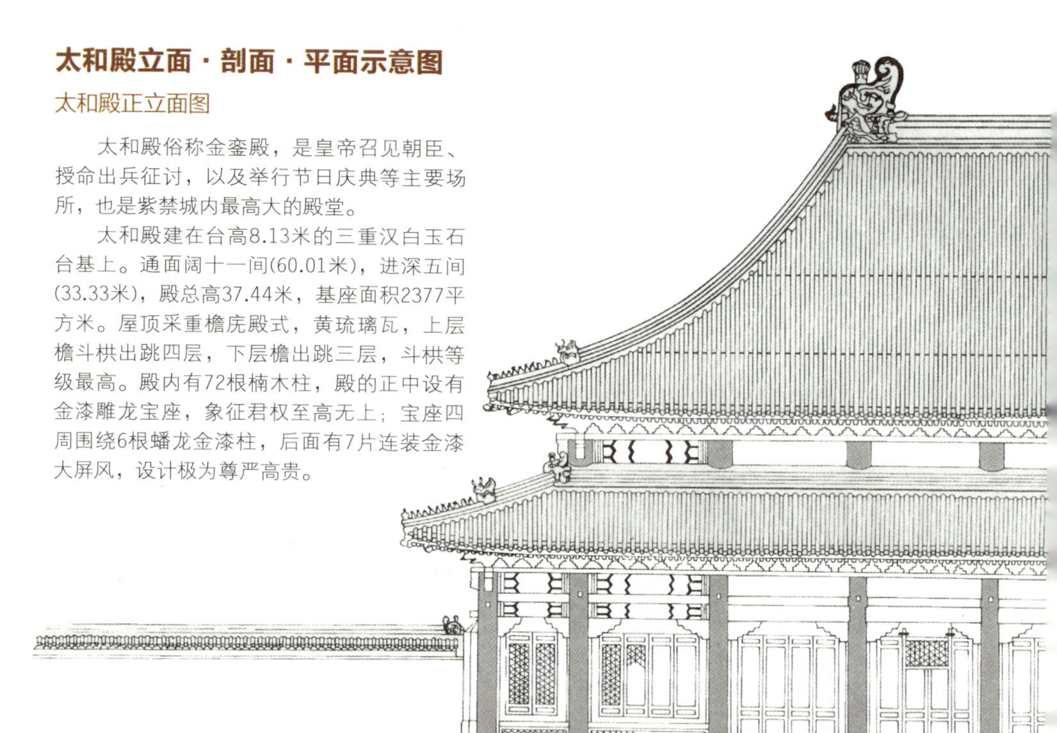

太和殿剖面图

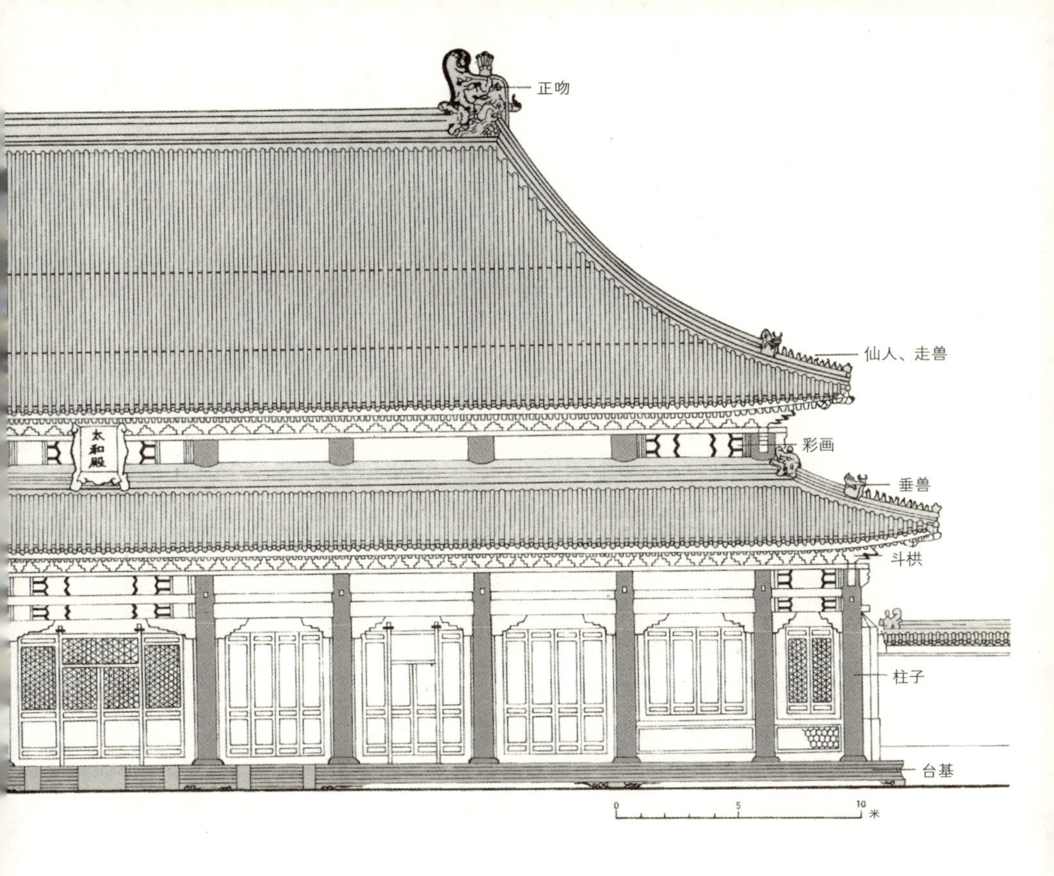

太和殿平面图

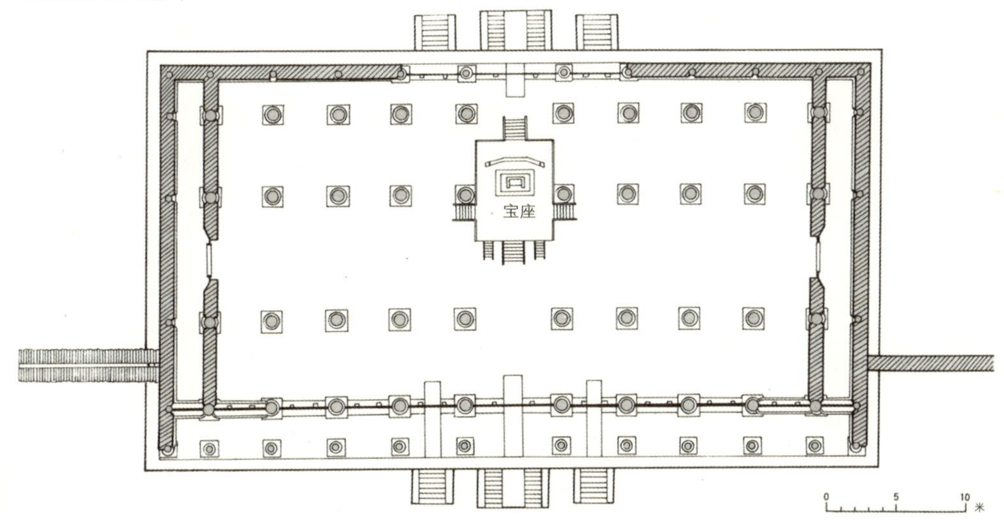

太和殿侧面

/ 前朝三大殿

北京

太和殿俗称“金銮殿”，金銮殿原是唐大明宫内一座殿堂名称，后常以其名指称皇帝的正殿。太和殿是宫城内最大的殿堂，也是中国现存最大的木结构建筑。建于明成祖永乐十八年(公元1420年)，后数经火患，现存建筑为清圣祖康熙三十四年重建而成。挺拔入云的太和殿建于高逾8米的三层汉白玉石台基上，台基上列嘉量与日晷，以象天下平准。太和殿在广庭与三层高台的烘托下，更突出其显赫地位与威严气势，以寓天子高高在上，不可逾越。

太和殿前御路石雕

/ 前朝三大殿

御路是皇帝出入大殿时，用轿子抬着从这块石雕上经过的专用道路。因为是皇帝所专用，一般富绅大户、公侯将相，即使富甲八方、位高权重，也不能私设此通道，因此称为“御路”，或称“御道”。因为是皇宫所专设，天子专用，因此绝大部分都雕有各种姿势的龙，形态栩栩如生。太和殿前三台的御路，长16.57米，宽3.07米，上雕饰在云纹中游弋的九条龙。此御路由三块大石料拼接而成，以云纹突起的曲线为接合线，接合技术巧妙，若非细察，不易发现。

三大殿三台螭首

/ 前朝三大殿

前朝三大殿太和殿、中和殿、保和殿并列于高8.13米的高台上，使三大殿高大而雄伟。高台呈工字形，由三层须弥座重叠而成，每层绕以汉白玉石栏杆，共计有望柱1458根，望柱头雕饰云龙，以象天子。螭首是一种似龙而无角的兽头，以其似龙，故亦有镇火的功用。三大殿三台每层均安设石螭首，除取其以龙防火之意外，亦兼有排水功能，每逢天雨，雨水经由螭首口中注出，如同千龙喷水，蔚为奇观，为严肃繁忙的帝宫生活增添些许意趣。

太和殿前铜龟

/ 前朝三大殿

北京

前朝太和殿为象征天子地位的建筑，因此其前三台上亦设置象征江山社稷永固一统的装饰物，另设日晷与嘉量，以为天下平准。其次有铜龟与铜鹤，不仅兼具装饰及欣赏功能，更象征天子的千年之寿。此外，铜龟腹内中空，背上龟盖为可开启的活动式设计，口中则有孔。每当太和殿举行大典时，龟、鹤腹中燃烧松香、沉香、松柏枝等，香烟自其口中袅袅上升，香气弥漫于空气中，除添加典仪的隆重气氛外，更增加几许建筑物所无法表达的神秘与肃穆气息。

太和殿内藻井

/前朝三大殿

北京

藻井是室内天花的一部分，在建筑物中属于内檐装修。藻井通常设于天花的中心部分，如伞如盖、穹然凸起，是天花上的重点装饰。太和殿内的藻井居于四根贴金龙柱之间，下部为方井，上放斗栱承重；中层为八角井，是承上启下的过渡部分，以多道抹角枋构成角蝉(三角形)和菱形，雕饰龙凤；上部为圆井，周围施一圈小斗栱，承受圆顶盖板(即圆镜)。圆镜正中雕有盘龙，口衔下垂的宝珠。藻井全部贴金，在青绿色的井字天花中显得雍容华贵。

太和殿内檐斗栱及梁枋金龙和玺彩画
/ 前朝三大殿

北京

彩画的使用与宫殿建筑上有些装饰的使用一样，虽然没有明文规定其等级区分，但在使用上仍有其严格的分野。根据花纹及用金的多少，宫内彩画可分为和玺、旋子及苏式三大类型。太和殿即使用和玺彩画中的金龙和玺彩画，以象征皇权的龙纹图案为主题，大量贴金，是宫中彩画的最高等级。而其室内下层檐用单翘重昂斗栱出跳三层，比上层檐少一层，并使用清代盛行的镏金斗栱。太和殿内梁架装修均以贴金龙纹为主，一进太和殿仿佛走进了龙的世界。

太和殿内景

/ 前朝三大殿

北京

太和殿内共有六根通体髹金漆的沥粉贴金蟠龙圆柱，排列于宝座四周，以象护卫之意。宝座设于七层台阶之上，通体髹金，是宫内体量最大、位置最高、雕镂最精、装饰最华贵的皇帝宝座，御座的靠背由三条龙组成，座下不用椅脚，而以须弥座代之，后则列七扇屏风。宝座四周设置象征太平有象的象驮宝瓶；象征君主贤明、群英毕至的(音禄)端；以及象征长寿的仙鹤和焚香用的香炉、香筒。所有装饰皆以金饰之，光彩夺目、辉煌非常。每逢典礼，殿内香炉焚香、香筒插藏香，在昏暗的光线中香烟缭绕，金龙灿烂，极具庄严肃穆气氛。

中和殿、保和殿与三台栏杆

/ 前朝三大殿

太和殿、中和殿与保和殿一般称之为紫禁城前朝（或外朝）三大殿，是前朝的主体建筑群。三大殿并列于同一座三层汉白玉石台基上，均为皇帝举行重大仪典的地方，但因有等级之分，因此在建筑结构上略有不同。太和殿为宫中最高等级，其装修前文已述。中和殿为皇帝暂歇之处，外形为五开间正方形周围廊建筑，四面坡单檐攒尖顶。保和殿等级略低于太和殿，为重檐歇山顶，面阔九间。三大殿都处于紫禁城中轴线上，是宫殿建筑序列中的高潮。

太和殿梁架结构示意图

中国古建筑外部形式繁复，但内部构架的组合则不外乎柱、梁、枋、垫板、桁檩、斗拱、椽子、望板……等基本构件。以此再进行组合成各种不同形式(例如庑殿、歇山、攒尖等)的木构架。

太和殿是中国现存木结构古建筑中规格、体制最高，且面积最大的一座。它共有6行柱子，每行12根，面阔十一间，进深五间，重檐庑殿顶。殿内外72根柱子排列简单而规整，以金色调为主，绘以青绿底色的和玺彩画，辉煌耀眼。全殿构架体系明确，节点用榫卯连接简单牢固，构件简化。

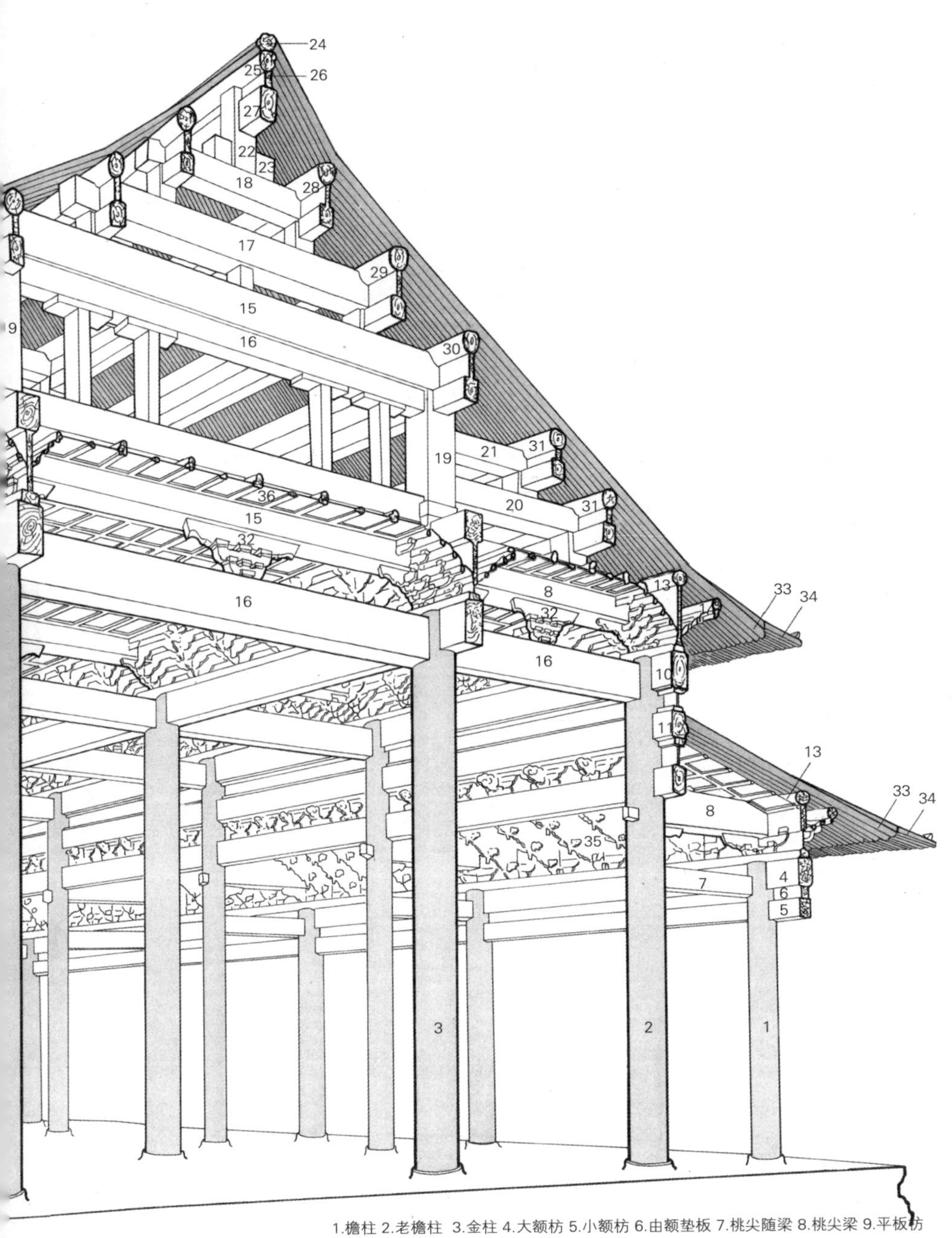

1.檐柱 2.老檐柱 3.金柱 4.大额枋 5.小额枋 6.由额垫板 7.桃尖随梁 8.桃尖梁 9.平板枋 10.上檐额枋 11.博脊枋 12.走马板 13.正心桁 14.挑檐桁 15.七架梁 16.随梁枋 17.五架梁 18.三架梁 19.童柱 20.双步梁 21.单步梁 22.雷公柱 23.脊角背 24.扶脊木 25.脊桁 26.脊垫板 27.脊枋 28.上金桁 29.中金桁 30.下金桁 31.金桁 32.隔架科 33.檐椽 34.飞檐椽 35.溜金斗栱 36.井口天花

保和殿垂脊与侧面山花

/ 前朝三大殿

北京

保和殿是清代皇帝宴请王公，或公主下嫁时宴请驸马的地方。乾隆之后，则在此地举行殿试，在宫中建筑等级仅次于太和殿，因此采用重檐歇山式屋顶建筑。而在宫城中重要的歇山顶山花部分，往往都施以装饰，以显示其尊贵。保和殿歇山顶的山花部分，乃以金钱和绶带组成的纹饰为装饰重点。红色底子上则使用单一的金色，在阳光照耀下，与屋檐下的和玺彩画相互辉映，构成皇家建筑金碧辉煌的装饰特征。

乾清宫翼角

/ 后寝建筑群

北京

乾清宫为后寝(或称内廷)的主要建筑物，因此在建筑装修上亦属于较高等级。屋顶形制采用与太和殿相同的重檐庑殿顶，显示其在后寝诸宫室中的尊贵性。檐下彩画亦采用宫中最高等级的和玺彩画，在檐廊的桃尖梁与桃尖随梁上，彩画的枋心绘满行龙与正面坐龙，梁上的井字天花也是正面坐龙。这些龙纹和彩画中的主要花纹、勾边皆以沥粉贴金，使整个外檐保持璀璨的效果。出跳跃然于青天之中，可见其外檐优美的造型与华美的色彩。

乾清宫

/后寝建筑群

北京

乾清宫是明朝皇帝的主要寝宫，自明永乐十八年建成后，数经修葺，今日形制为明嘉靖年间所重建。清朝则除作为皇帝寝宫外，也是皇帝读书、批阅奏章的所在，但自雍正皇帝将寝宫移至养心殿后，此地也是接见外国使者的场所。重檐庑殿顶，面阔九开间，建筑体量亦称宏大，但因仅位于一层石台基上，且中间以甬道与乾清门相连，自乾清门入乾清宫不需上下阶梯，因此整个环境异于太和殿的壮观威武，而自有其内廷寝宫的和谐气氛。

乾清宫内宝座

/ 后寝建筑群

乾清宫正间是皇帝日常处理政务、引见大臣和接见外国使臣的地方。因为功能与前朝宫殿相似，因此乾清宫与太和殿、保和殿一样，殿内设有宝座。宝座设于三层木台阶上，中央是皇帝的御座，座后则是五扇连交屏风，左右设置香炉、香鼎与仙鹤，御座与屏风上则满布贴金的龙纹木雕。宝座上方的“正大光明”匾额后方为清代存放建储匣的地方，自雍正之后，为改善先确定继位者而引发的弊病，故采用将继位者名单分别放置，于皇帝死后始与皇帝身边的建储名单相比对，符合后始确立储君。(摄影/胡锤)

正大光明
表正萬邦慎厥身脩思永
克寬克仁皇建其有極

交泰殿

/ 后寝建筑群

北京

后寝三宫在建筑形制上大致比照前朝三大殿而建设，交泰殿则与中和殿相仿，但体量较小，无周围廊。平面呈正方形，三开间，屋顶采四面坡攒尖式顶，脊饰走兽七只。“交泰”之名源自《易经·泰卦》“天地交泰”，象征天地交会。原是皇后接受臣妇及嫔妃等朝贺的地方，始建于明嘉靖年间，门窗和彩画则采龙凤纹并用，如上层枋子的彩画中，枋心部分用行龙，箍头部分和藻头部分则使用凤纹；下层枋子的彩画中则与上层相反。扇门上使用浑金龙凤裙板，由装饰中可体现交泰殿的地位与性质。

無爲
關雎麟趾立王化
恒久咸和迓天休
交泰殿銘
乾清宮後坤寧宮前殿名
交泰象取地
天丕顯
乾隆壬辰孟春月之吉
御製并書

坤宁宫洞房

/ 后寝建筑群

坤宁宫是后寝宫殿中的第三进建筑，是皇后居住的正宫，重檐庑殿顶，形制与乾清宫相仿，但走兽减为七只。宫内的东暖阁是皇帝大婚时的洞房，洞房中的墙壁以红漆髹成，悬双喜字宫灯，出入的红色门上也有髹金双喜字。从坤宁宫内门进入东暖阁以及洞房东侧通往外面的通路，耸立着大红地上书金色“喜”字木影壁，取帝后合卺后“开门见喜”之意。清朝皇帝须在即位后成亲者，才能在坤宁宫举行大婚礼，因此，只有康熙、同治、光绪及末代皇帝溥仪在此宫举行大婚礼。**(摄影/胡锤)**

北京

交泰殿内景

/ 后寝建筑群

交泰殿位居乾清宫与坤宁宫之间，是皇后在节日接受朝拜的地方。清朝的皇后按规定主内治，但实际上宫内事宜多由内务府掌理，皇后并无实权。乾隆之后，交泰殿内仅供存放行使各种权力的二十五宝(印信)，但并不由皇后管理。图版中两侧黄缎罩内为宝，是存放此二十五颗印信的地方，如“皇帝之宝”(满文)是以皇帝的名义颁诏或发令用的印；“天子之宝”则是皇帝祭祀庙宇、写祭文等用的印信。此外，殿内西侧尚陈列大更钟，东侧则摆设古代计时器铜壶、铜漏。**(摄影/胡锤)**

北京

堆秀山御景亭

/ 御花园

北京

御花园是紫禁城建筑中轴线末端的建筑体，是为满足帝王后妃的游冶之所。位居御花园东北角的堆秀山是一人工堆砌的假山，建于明万历年间。山势高峻挺秀，外表洞穴玲珑，山东部有山路可达顶端，洞内也有石阶盘旋而上到达山顶的御景亭。御景亭为四角攒尖的小方亭，登亭四望，起伏的西山历历在目，紫禁城重重琉璃黄瓦尽收眼底。清朝宫中每年七月七日晚上登山乞巧；八月十五日登山祭月；九月九日重阳节时，帝王妃嫔则在此登高远眺，共饮菊花酒，饱览紫禁城内外明媚秋光。

万春亭

/ 御花园

北京

千秋亭与万春亭并列于钦安殿两侧，两亭外形类似，相互对称，也显现出御花园中的建筑布局形式。两亭均建于明嘉靖十五年(公元1536年)，建筑平面呈方形，四面出抱厦，形成十字折角形，重檐式屋顶，下层檐随平面作半坡腰檐，上层则为圆形攒尖顶，象征天圆地方。千秋亭与万春亭在建筑外观上大体相同，只有细部装修略有差异，但均保持皇家宫殿建筑的规格。屋面虽为一色黄琉璃瓦，但由于平面及屋顶的造型活泼，因此依然具有园林特色。

澄瑞亭藻井

/御花园

澄瑞亭位居御花园西北角，建于明万历十一年(公元1583年)。亭内天花板绘龙，中有井口天花(即藻井)，藻井下层为方形，其内周围有一圈斗栱，将方井转为八角井，再以一层用木雕行龙组成的装饰面过渡到圆井，在最上方的圆井内是浑金木雕的双龙戏珠。紫禁城内有多处亭、殿天花均饰有藻井，其间天花装饰多以金色龙、凤纹为主，澄瑞亭藻井周围的天花则以青绿色色调为主，搭配金色的藻井，在装饰形制中显得特别突出而醒目。

养心殿前殿

/ 西六宫建筑群

北京

养心殿初建于明朝，清雍正年间改建。清初顺治皇帝曾以此殿为寝宫，康熙则常住乾清宫，雍正以后，此地已变为皇帝寝宫，并成为皇帝处理庶政、召对引见的场所，其地位一如乾清宫。养心殿为工字形建筑，前殿北方有短廊与后殿相接，前殿办公、后殿歇息。前殿宽约36米，进深约5米，面阔九间，歇山式黄琉璃瓦顶，前檐明间与西次间建抱厦。后殿五间，建筑形制为硬山卷棚式屋顶。图版中为养心殿前殿。

养心门

/ 西六宫建筑群

北京

在紫禁城众多的宫殿建筑群院落之间均有高大围墙相隔，间以重重院门相通，在较重要的通道和院墙上，则多采琉璃门的形式，后寝各宫门即多用此类琉璃门。琉璃门以砖砌门座，以琉璃瓦覆顶，檐下以琉璃仿木结构做成栱、梁枋、椽头、桁檩等，下饰旋子彩画，此结构比用木材建的门坚固，比石材所建的门色彩艳丽。两旁墙面的岔角和中心也有琉璃花饰，门洞安装木制实榻大门，上嵌九九八十一颗门钉，门脚旁砌出略低于正门的琉璃影壁，下设须弥座，影壁中心的盒子与四岔角也使用琉璃花饰。

养心殿后殿
皇帝寝宫
/ 西六宫建筑群

北京

养心殿御座之后两侧有小门，由小门可通往联结前殿和后殿的短廊，以进入寝宫，门上则以帘子相隔。养心殿寝宫共有五间，正中三间相通，正面设御榻、宝座，为皇帝起居之用，东次间设有宝座及紫檀长条案，西次间则设有紫檀云龙大立柜和坐炕，另陈设文玩书画、奇珍异宝等皇室收藏品。东、西梢间各为卧室，即为东、西暖阁，卧室内正面有炕，即所谓“龙床”，槅扇、家具全部使用高级硬木制作。寝宫除以短廊与前殿相接外，不另设对外出入的门。(摄影/胡锤)

僊蹕九重臺香筵萬
壽杯依旬初降雨三
月早聞雷露結朝隮
密花含宿雨開幸承
天澤豫蕩使日光催
同雲接野煙飛雪舞
長天拂霽添梅色過
樓助粉妍光含班氏
扇韵入楚王絃六出
迎僊藻千箱答瑞年
唐臣李嶠喜雨喜雪
律詩

臣潘祖蔭敬書

事事如意

三希堂
深心託豪素
懷抱觀古今

雨花阁
/西六宫建筑群

北京

雨花阁建于清乾隆年间。阁分三层，下层四面出抱厦，柱头饰兽面；二、三层柱头则饰以木雕金蟠龙，最上层顶用铜镀金的筒瓦和板瓦覆盖，四条垂脊上各有一条镀金铜龙，中安塔式宝顶。阁内有一座珐琅坛城，即大蔓荼罗，也称道场，供奉密宗佛像，造于乾隆二十年。坛城安置在汉白玉雕花圆座上，外有硬木做成重檐攒尖顶亭子式的木罩，坛本身以嵌丝珐琅构成，其精美华贵，是西藏寺庙中所没有的。雨花阁北的宝华殿、香云亭、中正殿等，也是供佛喇嘛唪经的大型活动场所，但于1923年被大火焚毁。

三希堂
/西六宫建筑群

北京

三希堂是由养心殿西暖阁内分隔出来的小房间，原名养心殿温室，因藏有乾隆年间所得之王羲之《快雪时晴帖》、王献之《中秋帖》及王珣《伯远帖》而更名为“三希堂”。此外，乾隆也谈到“三希”的另一个含意是“希贤、希圣、希天”之意。三希堂墙上挂有乾隆书写的匾额和《三希堂记》墨迹，堂内装修精致而富有情趣。堂内面积仅8平方米，分隔为两间，利用镶嵌在整个墙壁上的大玻璃镜反射景物，墙壁上则镶入花瓶，成半瓶壁饰，别生趣味。**(摄影/胡锤)**

景仁宫石影壁

/ 东六宫

景仁宫为东六宫之一，居承乾宫之南，明永乐年间建成，初名长宁宫，嘉靖十四年改为今名，清顺治时重建，为前殿后宫两进庭院式格局。而在其大门内与东、西六宫的其他大门一样，在入口处设置一座影壁。中国建筑在大门入口处常以影壁来遮挡视线，避免一进门便通览室内景物，影壁也可增加空间的变化和层次。东、西六宫院内大门入口处的影壁大多为木制，独景仁宫的影壁为石制，相传为元代遗物，也是东、西六宫中的特例。

体元殿内景
/ 西六宫

北京

体元殿居西六宫，北临长春宫，南为太极殿，隔西二长街与翊坤宫、永寿宫相望。体元殿所处地址原为长春宫大门，清仁宗嘉庆年间改建为体元殿。殿北有抱厦三间作为戏台，慈禧太后50岁生日时曾在此地连续演戏9天。体元殿室内有硬木雕花落地罩、栏杆罩等，内悬方胜形玻璃宫灯，并有白玉大璧二枚，晶滑如凝脂。内中并饰书、画数幅及山水小屏风二扇，布置典雅富丽。(摄影/胡锤)

长春宫
/ 西六宫

北京

长春宫为西六宫之一，建于明永乐年间，清康熙二十二年(公元1683年)重建。初名长春宫，嘉靖时改为永宁宫，天启时又改名长春宫。明宣德皇帝之后胡皇后、天启皇帝的成妃李氏、清朝乾隆皇帝之后孝贤皇后均曾居于此宫。清嘉庆十五年将长春宫前的长春门拆除，建造一座面阔五间的体元殿，殿后另有三间卷棚屋顶的抱厦作为一座小戏台，后在主殿与配殿之间又建穿廊，成为今日长春宫四进庭院的格局。清末慈禧太后在同治亲政后，曾移居长春宫，光绪和溥仪的妃子也住过这里。

皇极殿

/ 宁寿宫建筑群

北京

皇极殿为宁寿宫建筑群前殿，与宁寿宫均为乾隆当太上皇时所住，因此形制仿乾清宫与坤宁宫，皇极殿为九开间大殿，坐落在围以白石栏杆的台基上，前面有高出地面1.6米、宽6米的石甬道与宁寿门相连。重檐庑殿顶，建筑等级略低于太和殿，但内、外檐装修多仿太和殿的式样，采金龙和玺彩画，六抹三交六椀菱花槅扇门，下方为浑金团龙裙板，门扉使用镏金面页，均为最高等级的格式。雀替则使用浑金龙雕饰，龙首凸出，是乾隆时期建筑所常用的式样。

皇极门

/ 宁寿宫建筑群

北京

皇极门是宁寿宫、皇极殿这组宫殿建筑的入口，建于康熙二十七年(公元1688年)。属紫禁城中的院门，但因院墙高大，且其位置显要，因此并未采用随墙门的方法，而是采用类似木结构牌楼门的做法。皇极门是以琉璃贴在墙外做成三间七楼另加垂莲柱的三座门形式，门洞上有琉璃瓦顶出檐，檐下设斗栱、横梁，梁上有琉璃拼贴而成的旋子彩画，门座下设有石须弥座，门饰华丽壮观。打开门扉，即可见九龙飞跃的琉璃影壁，是宫内著名的“九龙壁”，与北海公园“九龙壁”齐名。

宁寿宫夹道

/宁寿宫建筑群

北京

紫禁城中有许多主体建筑群，如前朝三殿、后寝宫殿、东、西六宫、宁寿宫建筑群等，而每一建筑群之间有高大院墙相隔，如后寝各宫与西六宫储秀宫、体和殿、翊坤宫之间有西一长街，西六宫储秀宫、体和殿、翊坤宫、永寿宫与咸福宫、长春宫、体元殿等建筑体之间有西二长街。夹道不仅有分隔院落的功用，也有沟通联络的功能，更有增加景致之用，在一片黄琉璃瓦建筑中，红色的夹道不啻为一醒目的标记。图版中为宁寿宫西夹道。

宁寿宫

/ 宁寿宫建筑群

宁寿宫的建筑形制仿坤宁宫，但比坤宁宫等级低，二者则均仿清盛京宫殿(今沈阳故宫)内清宁宫的形制。宁寿宫为单檐歇山顶建筑，前檐柱用方柱，檐下龙凤和玺彩画，浑金雕龙华板，雀替雕饰浑金龙。装饰形制与坤宁宫某些做法相似，如宫门不在中间而开在东次间；不使用菱花槅扇门而用板门；以直棂吊搭窗取代菱花窗；台基周围则以黄、绿两色琉璃灯笼砖取代栏杆。在建筑形式上与紫禁城其他宫殿不尽相同，都是仿盛京宫殿的做法，为反映在建筑上的满族传统生活习尚的表现。

倦勤斋戏台

/ 宁寿宫建筑群

北京

紫禁城是无比深邃的禁苑，即使贵为后妃，都无法经常走出重门深苑，因此，在宫城中多处地方均设置了戏台，除岁时演出外，也供帝王妃嫔观赏娱乐。倦勤斋戏台是一座木制结构的小亭式戏台，位于倦勤斋室内。戏台外西侧架竹篱笆；在其攒尖顶上的倦勤斋顶棚上绘有紫藤萝架；台后倦勤斋的西墙上画有山水、池塘，塘内有荷花；北墙则绘画楼阁。凡此种种装饰，如同在台的外围又做了一层布景，显得更有变化。戏台对面设二层仙楼，上下均安设皇帝宝座。(**摄影/胡锤**)

禊赏亭流杯渠

/ 宁寿宫建筑群

北京

禊赏亭位于宁寿宫花园第一进院落的西面，亭名取东晋王羲之兰亭修禊的典故，亭平面呈凸字形，三面出歇山顶抱厦，中间是四角攒尖顶，覆绿琉璃瓦，黄琉璃宝顶。流杯渠位于东面抱厦的地面，引水入渠中。因古代在农历三月上旬的巳日(魏之后则定于每年三月三日)，集于曲水渠旁，于上游放置酒杯，任其顺流而下，停在谁面前即取饮而赋诗，称为流觞或流杯。禊赏亭流杯渠的水来自衍祺门内的一口井，井水汲入大缸中，再由假山下的孔道流入渠中，最后自渠流出至北边假山下的孔道，逶迤入御沟中。(摄影/胡锤)

东五所鸟瞰

/东五所

北京

东五所又称为乾东五所，位于东六宫以北，分头、二、三、四、五所，各有正殿三座，配殿四座，呈三进四合院的布局。原为少年皇子、皇孙们共同居住的地方，随侍的太监也居于此宫中。清嘉庆皇帝为皇子时居于头所及二所，后来皇子们移住南三所，东五所遂改为管理太监办事的地方，以及收管皇帝用的冠、袍、带、履、铺陈、寝宫帏帐、收储古玩、器册的库房和画工绘画的如意馆。隔着御花园，在西六宫北面尚有一与东五所对称的西五所建筑群。**(摄影/胡锤)**

畅音阁

/宁寿宫建筑群

北京

宫中每逢节日，如立春、上元、端午、七夕、中秋、重九、冬至、除夕，以及皇帝生日、皇后千秋、登基、册封等，都要演戏，因此设有许多戏台，并有专业的戏班子。畅音阁位居养性殿东方，其戏台是宫中最大的戏台。台分为三层，分别为寿台、禄台、福台，彼此有楼梯相通，各有上下场门。戏台有三层，面阔逐渐缩小，各层均出檐，最上层为卷棚歇山顶，覆黄色琉璃瓦，檐柱均为绿色，与一般宫殿建筑不同，向北主要台面的三层屋檐下则悬挂黑底金字的匾额。**(摄影/胡锤)**

武英殿浴德堂后穹窿顶建筑内部

北京

浴德堂位居武英殿西北角，其后有一座半圆穹窿顶建筑，室内平面为4米见方的方形，全部用挂白釉的砖砌成，以厚墙承檐穹窿顶，墙四角的砖逐层叠涩挑出过渡成八角形，再过渡到圆形，穹窿顶中央则开一直经60厘米的通风采光口，穹窿顶建筑南面以白釉砖砌成拱券结构的通道和浴德堂相连，北面墙壁上有一个小圆洞口，和建筑外面的供热水设备接连，地面上有泄水口。讹传此地是乾隆为其宠妃香妃所建的土耳其浴室，但根据文献记载，浴德堂在乾隆时是修书处。**（摄影/胡锤）**

慈宁宫花园临溪亭

/慈宁宫建筑群

临溪亭建于明朝，据《明故宫考》记载："园内亦有临溪亭。"《春明梦余灵》上也记有"花园内桥，万历六年添建临溪馆一座，万历十一年更临溪亭。"亭子建在桥上，桥则架在长方形水池之上。东西为水池，内殖鱼栽莲，亭南北各有一座花台，种植牡丹、芍药；四周还有松、柏、楸、槐、银杏、玉兰等花木。亭四面的门窗均可打开，尽赏园中的自然景色。园中并曾有乾隆写的一副对联："梳翎闲看松间鹤，送响时闻院外钟。"可见此地的幽雅宁静。(摄影/胡锤)

护城河、城墙与角楼

北京

紫禁城城墙外侧高11.24米，用城砖经砍磨干摆砌成，表面光滑平整，既美观又利于防卫。沿着城墙，紫禁城四周有护城河环绕，护城河总长3300米，宽52米，深6米，两侧砌陡直的石河帮，上加筑矮墙，河底则铺长方形规整的巨大石块为河床，其形似筒，即使河水干涸，也难越过，故名“筒子河”，是宫城的第一道防线。护城河和高大的砖砌城墙、耸立的城楼，以及四角的角楼，组成坚固的护卫屏障，也构成中国宫城森严、壮观并具有神秘色彩的建筑艺术风貌。

做文明守法北京人
请勿沿河钓鱼

角楼

北京

紫禁城城墙四角各设角楼一座，是城池防御的一部分。角楼平面呈曲尺形，屋顶为三重檐(三滴水式)。上层檐由四角攒尖顶和歇山式顶组成，四面亮山，正脊十字交叉，中间安设镀金宝顶；中层檐由抱厦的歇山顶相互勾连组成；下层檐则为半坡式腰檐。共由8个歇山顶组成，每个歇山顶有9条脊，合为72条脊，有28个翼角，10面山花，230个吻兽，外观很像宋朝绘画上的楼阁。在灰暗一色的城墙上、护城河的掩映下，金光闪闪，形象鲜明突出，为宫殿建筑中的杰作。(摄影/胡锤)

崇政殿外檐柱枋木雕

/ 中路建筑群

沈阳

沈阳故宫是清人入关前在沈阳所建设的建筑群，主要建于清太祖努尔哈赤与清太宗皇太极时期，主要建筑分中路、东路及西路三大轴线组群。崇政殿属中路建筑群的主体建筑，其建筑风格明显地表现出浓厚的西藏风味。图版为崇政殿北侧外檐的龙形木雕，其雕作形式与大清门相同，以龙身为梁身，自檐下延伸出来，构成一条完整而生动的行龙。造型惟妙惟肖，显示高度的木雕技巧，龙首下方并有其他木雕纹饰，生动而富民族色彩。

大清门檐廊龙形木雕

/ 中路建筑群

沈阳

大清门是沈阳故宫的正门，其地位与紫禁城中的午门相同，是文武大臣候朝之所。大清门为面阔五间的硬山前后廊式建筑，外檐柱为方形，金柱则为圆形。其檐廊梁柱上的装饰与汉族不同，带有西藏地区的建筑色彩。连接檐柱与金柱的桃尖梁完全做成一条龙的形式(即庇之龙)，龙头和龙爪伸出檐柱之外，龙身则插入金柱之中，全身绘彩，形象威猛逼真。柱头方斗上另贴有兽面装饰，兽面四周则饰以卷草纹样，这种在柱头部分进行装饰是喇嘛教建筑中的常用手法。

沈阳故宫平面·剖面示意图

沈阳故宫总平面图

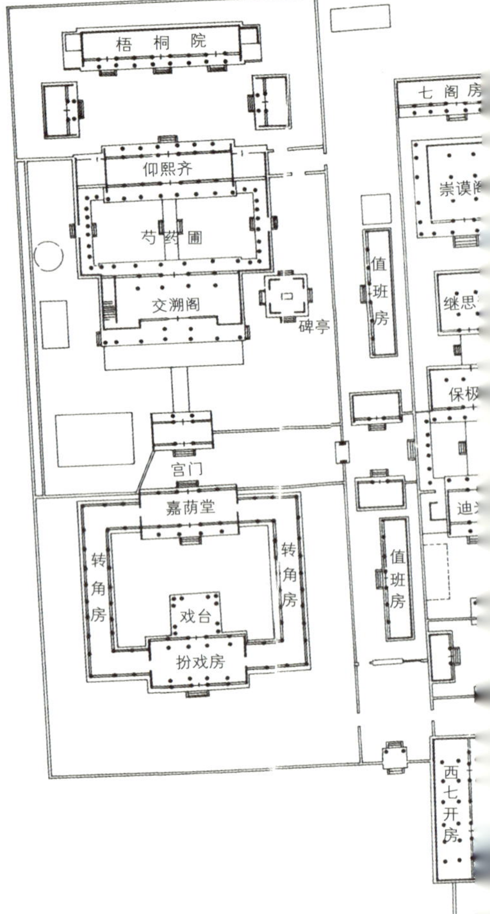

沈阳故宫位居辽宁沈阳旧城的中心，是清太祖努尔哈赤和清太宗皇太极建造的宫殿，后经乾隆多次加建遂成今日的规模；现占地总面积63272.53平方米，总建筑面积16421.34平方米，建有房屋96所，419间。

沈阳故宫的总体布局分为中、东、西三路，中路和东路代表了满清入关前宫殿建筑的形制。中路最长最宽，前有东西向大街，街上设文德、武功两牌坊。大清门临街，其东边另有一座高台，上为太庙。大清门内中轴线上依次为崇政殿、凤凰楼和清宁宫，与配楼、配阁、配斋、配宫等组成三组院落，是整个建筑群的中心；此外，中路左右各有一跨院，称东、西所。中路以崇政殿为主，它是皇太极处理国事、举行庆典、重要赐宴的地方，殿内设宝座和堂陛。

东路为一狭长的大院，其建筑群由大政殿和十王亭所组成。大政殿居北正中，殿前两侧的十王亭呈八字形左右排列，最北两座为左、右翼王亭，其余八座按八旗方位依次排列，是八旗制度在宫殿建筑的具体表现。东路以大政殿为主，是宫内最早的一座宫殿，也是当时后金王朝举行大典的殿堂。

西路是乾隆时期增建的文溯阁、嘉荫堂和仰熙斋。文溯阁是存放《四库全书》和《古今图书集成》的藏书阁，而嘉荫堂和仰熙斋则分别是皇帝看戏和读书的地方。

崇政殿剖面图

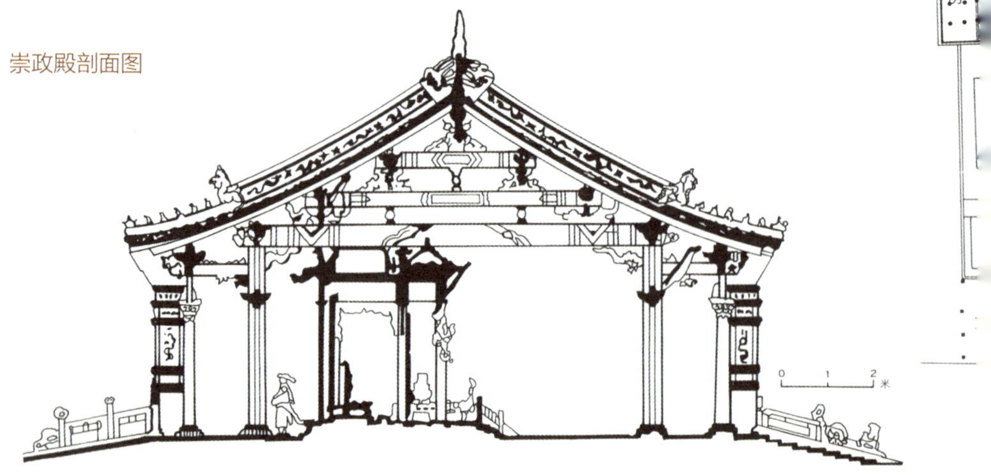

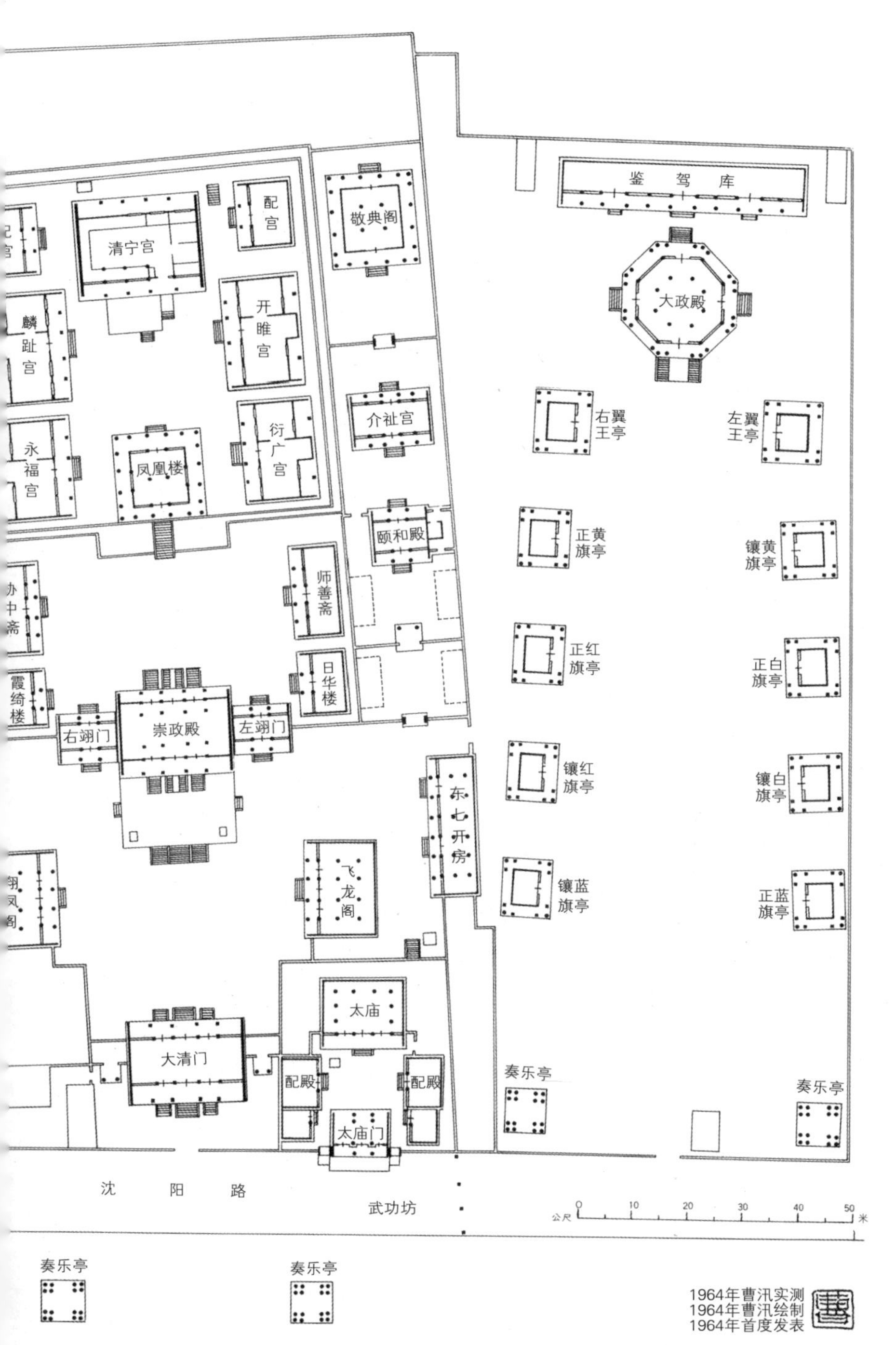
鉴 驾 库
配宫
敬典阁
清宁宫
大政殿
开睢宫
麟趾宫
介祉宫
右翼王亭
左翼王亭
永福宫
衍广宫
凤凰楼
颐和殿
正黄旗亭
镶黄旗亭
师善斋
正红旗亭
正白旗亭
霞绮楼
日华楼
右翊门
崇政殿
左翊门
东七开房
镶红旗亭
镶白旗亭
飞龙阁
镶蓝旗亭
正蓝旗亭
太庙
大清门
配殿
配殿
奏乐亭
奏乐亭
太庙门
沈 阳 路
武功坊
公尺 0 10 20 30 40 50 米
奏乐亭
奏乐亭
1964年曹汛实测
1964年曹汛绘制
1964年首度发表

崇政殿侧壁琉璃装饰

/ 中路建筑群

崇政殿虽为沈阳故宫中轴线的主体建筑，但未采用庑殿、歇山等形式的屋顶，而只采用简单的硬山顶，反映出当时还未能采用较成熟的汉族宫殿形制。但在此硬山式建筑上，使用较多的琉璃装饰来显示其重要地位，如屋顶覆黄琉璃瓦绿剪边，在正垂脊之脊筒、前后四条垂脊、硬山博缝及墀头上，均饰以五彩琉璃和贴面，垂兽亦饰以黄、绿相间琉璃，尽可能地表现出皇家建筑的隆重与奢华，与北京紫禁城贴金彩绘的表现方式截然不同，更具华美的生命力。

崇政殿丹墀

/ 中路建筑群

沈阳

崇政殿须弥座台基的南、北两端各置丹墀三组，正中为双龙戏珠浮雕御路，以不同色调、不同石质的石材组成。丹墀两侧及大殿廊下设石栏杆，其栏板、栏杆、望柱、地袱、石阶及抱鼓石等，分别使用红、绿、青、白多种色调的石材，组合巧妙，层次分明，色彩多变，尤其是两侧石阶使用酱红色石料，如同在殿前覆盖上一层地毯，既丰富了丹墀的色彩，也突出其中间的御路。两侧垂带下抱鼓石前放置一对石兽及抱鼓石，这在宫殿建筑中是少见的特例。图为崇政殿左侧丹墀的石兽及抱鼓石。

崇政殿前栏杆

/ 中路建筑群

沈阳

崇政殿在总体建筑上虽只是等级较低的硬山式，体量亦仅五开间，但在其他部分则使用较高级的装饰，以凸显其重要性。殿门用的是三交六椀的槅心与如意头的裙板，髹以红漆，铜制角叶上也布满花饰；大殿山墙墀头以黄、蓝色琉璃砖包贴；殿下台基的栏杆，由望柱、栏板到望柱之下的螭首，均雕满龙形纹饰和各种植物形花饰。图版中为崇政殿月台前栏杆及栏板，望柱头上以龙纹雕饰之，生动活泼，栏板则为行龙与云纹，望柱上刻以花草卷纹，与紫禁城汉白玉石雕有异趣之处。

念兹戎功用肇造我

崇政殿
室内堂陛及宝座
/ 中路建筑群

沈阳

崇政殿是清太宗皇太极临朝听政之处，因此殿内的堂陛和宝座装饰极为讲究。堂陛为一凸形凉亭，设在木制台基上，其上斗栱、椽檐、梁、柱一应俱全，皆为木结构，且均满绘彩画。堂陛前凸出部分的两根檐柱上各盘一条木雕金龙，龙头向下昂起，龙尾盘上，红色铺底的柱身上则绘有朵朵白色和蓝色的流云。堂陛正中设有皇帝宝座及贴金雕龙扇面大屏风，座前陈列香炉、香几、仙鹤等物件，与金碧辉煌的凉亭及金龙雕柱等装饰相应和，使堂陛和宝座更显得五彩缤纷、富丽堂皇。

崇政殿
外檐抱头梁雕饰
/ 中路建筑群

沈阳

崇政殿前后檐廊上的梁架装饰与一般汉族建筑有所不同，带有西藏的建筑色彩。崇政殿用以连接檐柱和金柱的抱头梁(亦称桃尖梁)的雕饰方法与大清门相同，均是做成一条雕刻精细的彩绘整龙，龙头探出柱头外部；龙尾伸入金柱内檐，只露出两足在外，龙嘴张开、龙爪挥舞；而龙身即为梁身，微微上曲，犹如一条行龙由里往外作行进状。其造型形态逼真，巧妙地将木构件功能与艺术形式融为一体，具有浓厚的清初建筑风格。

崇政殿梁架彩画

/ 中路建筑群

崇政殿内的建筑手法使用不带天花板的"彻上露明造"，梁柱全部暴露于外，而在其上绘有带地方特色的和玺彩画。在主要的梁身上的彩画枋心部分运用"双龙戏珠"浮雕形式，龙身上有流云遮盖并露出龙首、龙尾及部分龙体，采用间隔贴金做法，不仅省料，且继承了元代彩画的做法。色彩鲜丽，构图灵活，极富地方色彩。这些彩画历时两百余年，经过多次修缮，现存构件基本上是乾隆年间的和玺彩画风貌，但从檩枋的藻头部分仍可见出清朝早期的风格。

凤凰楼

/ 中路建筑群

凤凰楼建于皇太极时期，是当时续建宫殿中惟一设有斗栱的重檐歇山式建筑。平面呈正方形，深、广各三间，四周为周围廊形式，顶覆黄琉璃瓦绿剪边，正脊和垂脊处均饰有行龙琉璃装饰。正脊两端的正吻做成龙头张嘴吞脊，龙尾往上往后翻卷，其上另附一条蓝色琉璃的降龙，龙背上的剑把则做成火焰宝珠的形式，比紫禁城的正吻形式活泼富变化，为沈阳故宫另一种建筑特色。凤凰楼外形高敞壮丽，为清初都城之内的最高建筑，登临其上，可尽收沈阳都城全景。

凤凰楼天花
/中路建筑群

沈阳

凤凰楼楼高三层，底层是通向寝宫的楼门道，上两层则供清太宗宴饮与休息，也是登高观赏景致的佳处。室内梁架为“彻上露明造”形式，椽子饰以变形的荷花，望板满绘飞云流水。檩梁上绘主题为宝珠卷草的三宝珠西蕃莲金琢墨彩画。彩画不分枋心、藻头，也不设框线，保留清朝早期彩画的特色。三层藻井的凤凰图案环以祥云转轮，造成翔凤飞舞之感。整体而言，沈阳故宫的彩画异于紫禁城的璀璨富丽，而以其造型活泼多变化取胜。(**摄影/王瑞琛**)

清宁宫

/ 中路建筑群

清宁宫原名中宫，为清太宗皇太极与皇后博尔济克特氏的寝宫，位居沈阳故宫中路的最北端，与东、西侧的四座配宫与南面的凤凰楼同建于高台之上，自成一进院落，形成后宫生活区。建筑形制为五间十一檩，硬山前后廊式，顶覆黄琉璃瓦绿剪边。入口居东次间，而非正中，月台前则设两个台阶，一个正中，以取平面构图上的对称，另一个台阶则设于月台东边，可直通大门入口处。清宁宫前的木杆称为"索伦杆"，顶端设有锡斗，放置谷物与碎肉，以喂养乌鸦，为满族传统的祭天神杆。

清宁宫梁柱
/ 中路建筑群

沈阳

以龙作为皇帝的象征，被广泛地用于宫殿建筑的装饰上，这是汉族建筑的传统，沈阳故宫也吸取了这种传统手法，将之使用于梁柱雕刻上。清宁宫外檐为石碾玉旋子彩画，即其彩画花瓣的蓝、绿色都用同一色由浅至深退晕之手法，是旋子彩画中最华贵之等次。外檐虽经数次维修，其“锦枋线”还保留清朝的早期风格。它与沈阳故宫其他宫室的旋子彩画不同，采用“活箍头”(梁枋箍头边线做成连珠或万字者)，而非通常的“死箍头”(梁枋箍头边线为退晕者)，以显示清宁宫在此组建筑群中的突出地位。

合揆延祺

清宁宫内景

/ 中路建筑群

清宁宫为清入关前的帝后寝宫，因此在内檐装修上使用较高的等级。其室内梁枋彩画做成大包袱形式，满绘红底沥粉双金龙，点缀朵朵流云，居中有一颗火焰宝珠，组成双龙戏珠图案。天花圆光做成龙凤图案，燕尾、岔角为蓝、绿两色，井口满饰蓝色，支条为浅黄色，使整个天花装饰显得淡雅自然，与红色暖调的梁枋彩画形成色彩上的鲜明对比。清宁宫内檐装修用色优雅，虽无紫禁城梁枋的辉煌绚丽，但仍不失其为正宫的庄重性。（图片提供/沈阳故宫博物院）

颐和殿内景

/ 中路东所

沈阳

沈阳故宫主要宫室中常利用雕花落地罩、屏风隔断、古典家具陈设和悬挂字画、匾额等形式，产生大小不同的负空间，以弥补传统建筑平面配置和空间层次上的单一感。颐和殿内饰有透雕嵌玉落地罩，豪华典雅，雕花屏风、彩灯、明镜等陈设亦精美讲究。明间设凤纹宝座，为乾隆出关东巡时的遗物。西间悬挂乾隆弘历御书之“福凝东海增芝算，祥拥西池长鹤龄”对联一副，乃祝愿皇太后多福多寿之意。日光掩映下的颐和殿，宁静恬和，充分体现皇室的庄重之情。**(摄影/赵鸿声)**

颐和殿

/ 中路东所

沈阳

颐和殿之命名，与北京之颐和门、颐和轩、颐和园等相同，均取“颐养和平”之意，为专供皇帝东巡时皇太后驻跸之所。坐落于中路东所第二进院落的正中，为三间单檐歇山式建筑，中间辟门，有前后廊，顶覆黄琉璃绿剪边，斗栱为典型的清朝中期形式。殿两旁各有角门通往后一进院落，只供太监、宫女等下人行走，皇太后、皇帝则通过殿内北门进出。殿前东西分别置铜香炉一座，庭院两侧各有太湖石景点缀其中，玲珑剔透，为庭院增添几分园林情趣。

介祉宫内景

/ 中路东所

介祉宫位于东所第三进院庭正中，是乾隆东巡时其母的寝宫。外形为五间硬山式建筑，前后设有檐廊。外檐饰以大点金龙锦枋心彩画。额枋上为一斗三升斗栱，宫前布置铜鹿香炉与石景小品。而其室内与颐和殿室内一样，均饰有透雕嵌玉落地罩，以隔断空间，产生多变化的室内布局，装饰华丽典雅，陈设富丽堂皇。东梢间为寝房，中三间为敞厅，西梢间则设有床、凳等陈设，为皇太后休息和接受皇帝等问安之处。**（图片提供／沈阳故宫博物院）**

敬典阁

/ 中路东所

沈阳

敬典阁是乾隆十年所修建，同时并建筑东、西行宫(即今之中路东、西所)，作为帝王、后妃、皇太后等巡幸时的驻跸之所。敬典阁修筑之初的目的在于存放玉牒(皇室族谱)，但实际上是作为皇帝出巡盛京期间驻跸的所在。重檐歇山顶，与沈阳故宫其他宫室一样，顶覆黄琉璃瓦绿剪边，下饰斗栱出跳，外檐则饰以旋子彩画。山花部分与北京紫禁城歇山顶建筑略有差异，而采以绶带与菊花图纹为饰。正脊左右各有三条行龙，中饰以火焰珠图样。

保极宫

/ 中路西所

保极宫为中路西所宫室，前为迪光殿，后接继思斋，是皇帝东巡时居住的寝宫。宫前两侧设有游廊与迪光殿之后部相连，组成一个小巧别致的庭院，院内有砖铺小甬道与迪光殿相连。单檐硬山式顶，黄琉璃瓦绿剪边，正脊与垂脊均饰行龙，檐下梁柱上饰金龙和玺彩画。正面五开间，前后饰红色廊柱，周围另辟有游廊，檐下亦饰彩画，雀替做如意云纹。宫前甬道两旁各设置铜缸与石景一对，既丰富了庭院的景观，又增加庭院的清雅静谧之感，空间层次也显得自然活泼。

继思斋
/ 中路西所

沈阳

继思斋外形为勾连搭卷棚式屋顶，造型精美别致，不惟在紫禁城中无法得见，即使在沈阳故宫，也是极为罕见的建筑形式，在诸宫中独树一帜。建筑面阔及进深均为三开间，山墙饰五花图形，檐下为旋子彩画。继思斋南面明间正门外有一游廊与保极宫北门相连，通过数楹游廊，即可达保极宫。这种庭院处理手法在宫殿建筑中别具一格。图版前方之卷棚式五花山墙建筑即为继思斋，图版后方之重檐歇山两层式建筑则为崇谟阁。

崇谟阁

/ 中路西所

崇谟阁在继思斋北面，是沈阳故宫中路西所最北端的建筑，其建筑形式与敬典阁相似。为重檐歇山式两层楼阁建筑，面阔、进深均为三间，环绕周围廊。檐下设斗栱，梁架绘金龙和玺彩画，显示崇谟阁在皇宫中的重要地位。匾额书写之文字右书汉文，左书满文，是清人入关前的形式，与北京紫禁城右满文、左汉文相反。在建筑空间运用方面，崇谟阁下层分东、西两间，中为过道。阁内安置大柜，存放圣训，著名的《满文老档》即放于此阁内。阁的左侧为高台区的更道。

继思斋室内陈设

/ 中路西所

在继思斋面阔与进深均三间的正方形平面配置中，室内隔成9个大小相等的单间，各以小圆门相连，形似迷宫。各间内有的设置宝床幔帐，有的摆放佛桌、佛像，有些则陈设书画卷册，与严肃的宫廷生活大异其趣。前东三省博物馆负责人金梁曾记述继思斋："屋方五丈而隔九室，室不过丈，皆席地，中为帝寝，而后妃分占其四周焉。室制既异，又不用板壁，各以木格糊纸，而每室隔别，声息不闻。"可见当时构造之巧，其整个造型的精美别致，可与清宁宫媲美。**（摄影/楼庆西）**

大政殿

/ 东路建筑群

大政殿是一座金碧辉煌、八角重檐式宫殿，坐落于沈阳故宫东路北端的显要位置上，是努尔哈赤时期作为盛京皇宫内举行重大活动的地方，如皇帝登基大典、宣布进军令、颁布大赦令等重要政令，以及迎接凯旋归来的将士、举行宫宴等重要仪式皆在此举行。其正门前有一对金龙蟠柱，龙首上翘，两个前爪一爪伸扬柱外，另一爪攀依额枋，作戏珠状。龙身绕柱，下爪和龙尾均紧贴于柱身，雕刻生动，造型逼真。屋顶上的八根垂脊上则饰有琉璃蒙古力士(鞑人)，造型特殊。

大政殿角科斗栱

/ 东路建筑群

大政殿八角形的外檐周围以24根圆柱支撑，每面4根，柱间梁枋上挑出五踩重昂青绿色斗栱，其木结构形式与关内汉族建筑相同，但斗栱较大，布置疏朗，每两根柱子中间，只有两攒平科，而在角柱坐斗上斜出三层昂，上支撑角梁。昂的两侧各斜出象鼻昂，里层单昂，外层重昂。檐檩上外出双层椽，椽头各饰以万字和寿字的图案。檐部勾头并非采用一般常用的图形，而是在下半部做成和滴水相似的鸡心形，这种装饰是清朝早期玻璃勾头的特色之一。

大政殿柱头装饰

/ 东路建筑群

沈阳

大政殿是沈阳故宫中最早建成的大殿，始建于努尔哈赤至皇太极时期，是清朝最早期的建筑群之一。因为是早期建筑，因此保持清人入关前浓厚的满族与蒙古人的建筑风格，如在其外檐柱头上方进行装饰，即为喇嘛教建筑中常用的手法。在大政殿外檐柱头上都于梁枋外面贴一层木雕装饰，这些装饰外形在中央部分是一个兽头，两旁为卷草花纹。这种兽头面似狮，角似羊，两边还有人手抓住卷草。

大政殿内宝座

/ 东路建筑群

沈阳

大政殿是努尔哈赤时期治事之所，因此殿内亦设有豪华宝座。宝座下方为双龙戏珠图样，双龙之间为火焰宝珠。宝座靠背亦由龙组成，正中龙首昂然向天，左右各为一升龙，盘旋木柱而上，另有两条行龙，龙身组成宝座的一部分，末为两条降龙。各龙形态生动，表情威猛，栩栩如生，足可见匠心独具，手艺超凡。宝座后为七扇连交屏风，其上亦满饰龙纹，龙形或升或降，皆自然天成，无雕琢之迹，屏风上方饰九条行龙。大政殿内满布龙形装饰，是受汉人敬龙畏天的思想所影响，以龙代表天子的至尊无上。

大政殿天花与匾额

/ 东路建筑群

沈阳

大政殿是沈阳故宫中东路最重要的单体建筑，是努尔哈赤召见群臣、共商家国大事之处。皇太极之后，虽将政治重心移至中路建筑的崇政殿等殿堂，但大政殿仍具有其重要的政治地位。清入关后，历朝诸皇帝曾多次东巡盛京，也曾在此殿举行隆重庆典和筵宴等活动。图版中的金漆巨匾“泰交景运”即为乾隆东巡时所题，今高悬于殿中。无论从造型、结构、色彩、装饰等各方面，大政殿都交织着汉、满、藏、蒙等民族建筑艺术的特征。

大政殿内降龙藻井

/ 东路建筑群

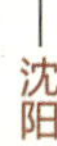

大政殿内的降龙藻井为八角形，由八根立柱支托。整个藻井分为上下两层斗栱和内外两环，最上层收缩为圆形井心，井心上有木雕金龙盘于流云之中；中层外环有8个井字天花，用圆形莲瓣装饰，莲瓣中央各有一个不同的梵文字，表示四面八方的“种字”，具有一定的清代喇嘛教色彩。藻井中心的龙头向下俯视，威武雄伟，在重重出跳的斗栱衬映下，更显出降龙的地位，也凸显皇室之威。

十王亭

/ 东路建筑群

在大政殿东、西两侧，依序排列着十座亭子，此即著名的“十王亭”，与大政殿同属沈阳故宫东路建筑群，建于清太祖努尔哈赤时期。十王亭中最靠近大政殿的左、右两座亭子向前略为突出，称为左、右翼王亭，其余八亭则按八旗旗序呈燕翅状排开，因此又有“八旗亭”之称。大政殿与十王亭整体布局和谐、形式独特，气氛庄严肃穆。大政殿与十王亭是努尔哈赤与八旗诸王共谋国事之处，此建筑群具体反映了清开国时期八旗制度对建筑的影响，为中国宫殿史写下了空前的一页。

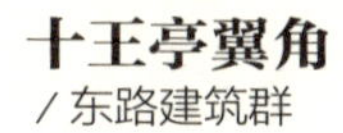

十王亭翼角

/ 东路建筑群

十王亭并列于大政殿前两侧，隔御路相望，亭平面呈正方形，三面砌墙，正面辟槅扇门，四周出廊。角柱圆形，中柱呈八角形，月梁卷棚式梁架，外观为歇山式，覆青灰瓦顶。外檐檐檩下置两根长枋，枋间置荷叶墩，柱头上挑出斗栱，斗栱、雀替及角梁均绘有“箍头”彩画，檐下梁架则髹红色，不饰彩画。箍头彩画虽曾修缮重饰，但仍保持早期建筑彩画风格。十王亭在清初具有极重要地位，但在皇太极改国号为“清”后，加强中央集权，削弱八旗势力，十王亭才失去原来的作用。

文溯阁东侧碑亭

/ 西路建筑群

碑亭为文溯阁的附属建筑物，建于阁的东侧。平面为方形，屋顶采用盝顶翘脊形式，覆以“一堂黄”琉璃瓦，舒展飘逸。垂脊上不饰走兽。脊前端亦不饰仙人、走兽、撺头等琉璃件，脊筒两侧雕刻纹饰，不设盖脊筒瓦，文溯阁阁脊亦采此作法，在沈阳故宫中绝无仅有，在中国建筑中亦属罕见。亭四周以五踩单翘单昂斗栱出檐，饰旋子彩画，南、北两面枋心绘双龙戏珠沥粉贴金图案，东、西两侧枋心为宋锦，垫栱板绘三宝珠。亭内正中设石碑一座，碑阳为乾隆御制《文溯阁记》，碑阴为御制《宋孝宗论》，均以满、汉两体文字书刻。

文溯阁

/西路建筑群

沈阳

沈阳故宫西路主体建筑之一的文溯阁始建于乾隆四十六年(公元1781年)，是专为收藏《四库全书》著名的七阁之一。文溯阁开间数为偶数，面阔五间，另加西侧楼梯间共六间，仍取“天一生水，地六成之”之意。进深三间九檩，阁下层前、后均出檐廊，使外形呈下放上收的稳定感。檐下彩画为苏式彩画，但在底层柱头、枋心两端藻头及枋底部分点缀红或蓝底色，上饰红色彩带。阁柱绿色，门窗为黑、绿、白三色，整个色彩予人清丽雅淡之感。

文溯阁内景

/ 西路建筑群

文溯阁前厅底层东、西、北三面设夹层，夹层两端面阔各一间，外侧设木栏杆，栏杆花格上雕装蝙蝠木饰件，两侧设花格窗四扇，上置横楣，构成一组形如花罩的半封闭空间，中间空敞部分以帷幔遮挡。夹层挑廊下部一层设夹纱槅扇隔断，作为一层北侧的内廊，靠墙一边设置多层书架，用帷幔遮隔，帷幔外为通道。前庭南、北面均悬有乾隆御书匾额，前厅、夹层及顶层书架中间设置宝座、案、柜、香几等，供皇帝御阁时使用。存放《四库全书》和《古今图书集成》的书架分排于阁内各层。（摄影/楼庆西）

古今並入含茹萬象滄溟探大本

文溯阁侧门

/ 西路建筑群

因文溯阁是藏书斋，因此在建筑上均采用冷色调，尤其是屋顶覆黑琉璃瓦绿剪边，正脊有海水流云琉璃装饰，均寓意水从天降，可以保护藏书免于祝融之灾。外檐彩画图案则是以“白马负图”、“翰墨册卷”为主题的苏式彩画，内容与此阁的功能相结合，色调以蓝、绿、白为主。前檐两山各辟券门，上悬砌绿琉璃瓦垂花门罩，门下各有四级踏跺。檐下垫　板为红底，上绘饰蓝色行龙，额枋两边为绘有各透视角度不同的函套古书，画面内容虽不多，但变化多姿，突出此座藏书阁的高雅性格。

附录一 / 宫殿建筑构件与装饰示意

1. 琉璃庑殿屋面结构示意图

庑殿顶是中国最早的屋顶样式，后来成为古建筑最为尊贵的屋顶形式，其中又以重檐琉璃庑殿为最。例如午门、太和殿、乾清宫、坤宁宫等都用重檐庑殿，属最高等级。庑殿屋顶前后左右成四坡，由四坡屋面及五条脊组成；正中为正脊，四角为垂脊(又称庑殿脊)。

琉璃很早就作为宫殿建筑的装饰材料。明、清宫殿的屋顶大部分都采用琉璃瓦，但有颜色上的区别，包括黄色、绿色、孔雀蓝、绛紫、黑色等，其中黄色最为尊贵，绿色次之。

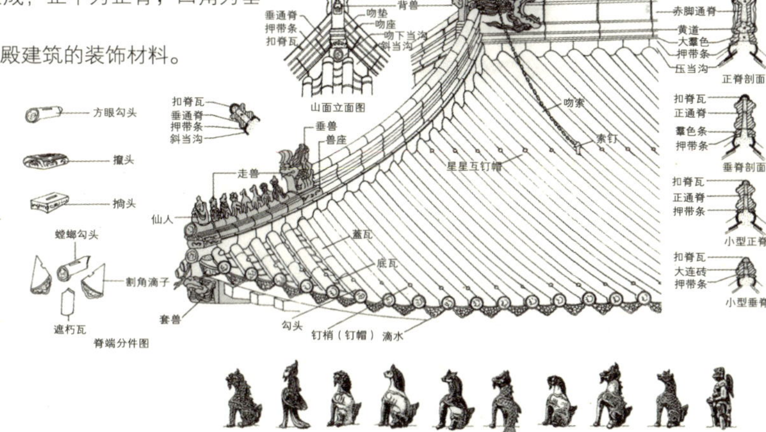

走兽(蹲脊兽)

系脊端仙人背后的一系列走兽，俗称小跑。走兽的多寡按建筑等级一般采用单数，仅北京故宫太和殿用至第十个，多一个“行什”，等级最高。走兽各喻祥瑞之意，其名称、形态如上所示。

正吻演变图

古代屋顶正脊两端的枢纽，由简单的翘突逐渐形成动物形态的脊饰，早期多为鸟形(源于凤)。后以鱼、龙形为主。

唐代遗存至今的山西五台山佛光寺大殿正脊两端的脊物均为鸱尾形。鸱尾的形象，其背部卷翘部分可视为鱼的背鳍，又与猛禽的翘尾相似。鸱尾演变为鸱吻，约出现于中唐或晚唐。鸱尾与正脊结合处本为平接，尔后前端成兽首，张口吞脊，形成了“吻”的形式。宋以后，鸱尾的形象转变为龙形。金、元以后饰龙形的吻逐渐增多，至明、清极为普遍，直称为龙吻或吻。后因用于殿屋正脊，故通称为“正吻”。

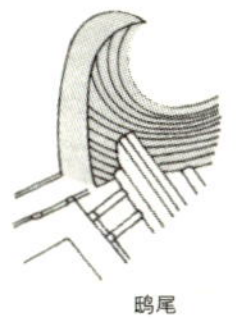

鸱尾
甘肃麦积山140窟壁画
（北魏）

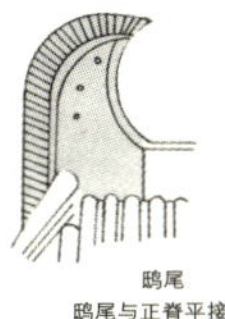

鸱尾
鸱尾与正脊平接
陕西西安大雁塔门楣线刻
（初唐）

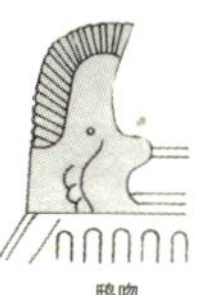

鸱吻
鸱尾张口吞脊
四川乐山凌云寺摩崖
（中唐）

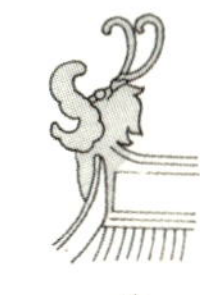

吻
宋画《高阁焚香图》
（宋）

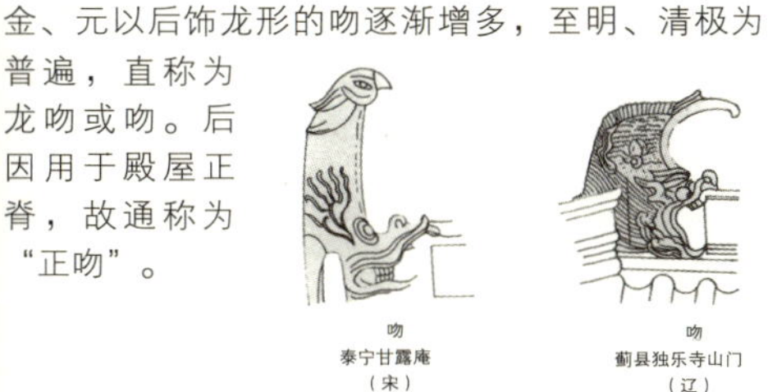

吻
泰宁甘露庵
（宋）

吻
蓟县独乐寺山门
（辽）

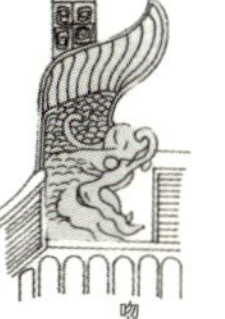

吻
宋画《瑞鹤图》
（宋）

龙吻
山西朔县崇福寺弥陀殿
（金）

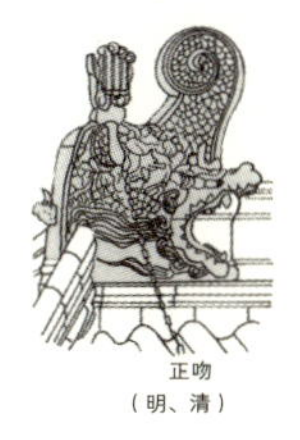

正吻
（明、清）

2. 宫殿建筑屋顶形式举要

屋顶形式是中国古建筑外观最具特色的部分，西方人称誉中国建筑的屋顶是中国建筑的冠冕。

屋顶等级依次为庑殿、歇山、悬山、硬山，最重要者加重檐；此外还有卷棚、攒尖及盝顶等形式。众多变化的屋顶形式各有与之相适应的结构形式，屋顶的大小、高度皆与建筑平面有直接关系；此外，屋顶的曲线及其脊饰更赋予它神秘感。

宫殿建筑的屋顶较一般民间建筑更高大，因此也更显示出它的庄严美丽。北京故宫太和、中和、保和三大殿的屋顶形式分别为重檐庑殿、四角攒尖和重檐歇山。

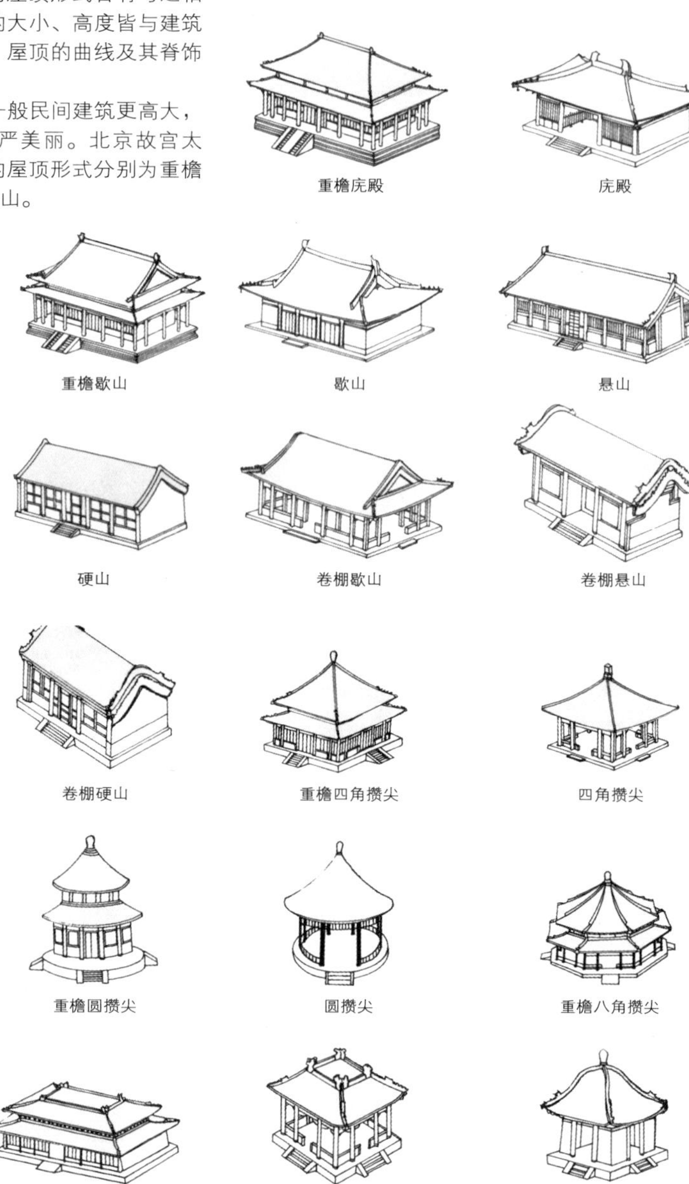

3. 须弥座结构图样

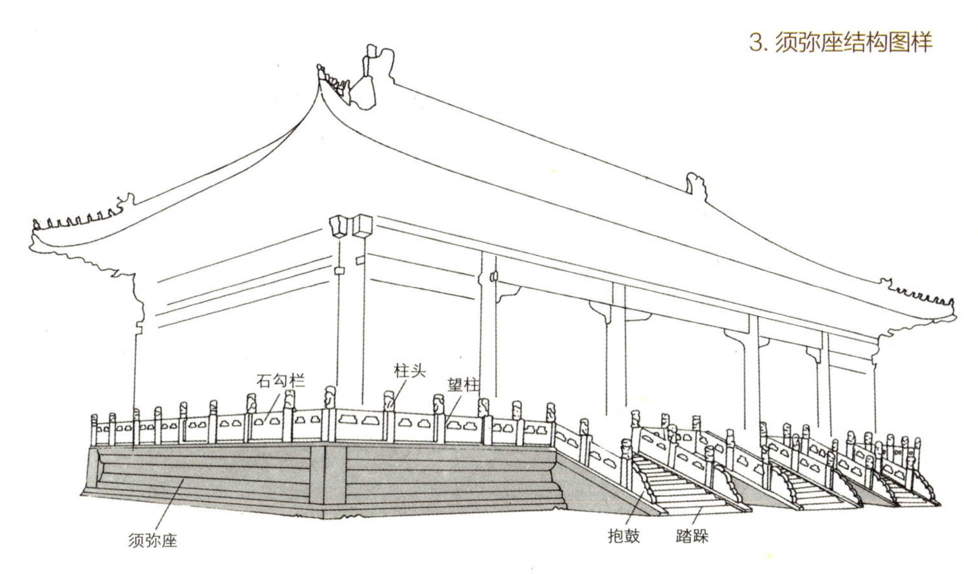

须弥座位置示意

中国木结构建筑主要由屋顶、梁柱及台基三部分组成；台基中以须弥座最具代表性。宫殿、寺庙中的大型建筑基座，多做成须弥座的形式，须弥座原是“须弥灯王”佛像座之名，后泛指佛座。一般用砖或石砌成，上有凹凸线脚和纹饰，有的带有石制栏板、望柱，望柱之下可安放挑出的石雕龙头(螭首)。

宋式须弥座、清式须弥座及其栏杆之比较

宋式须弥座

宋式须弥座栏杆

1.副子 2.象眼 3.螭首 4.望柱 5.寻杖 6.云 7.瘿项 8.花板 9.螭子石 10.地栿 11.地霞 12.须弥座13.踏道

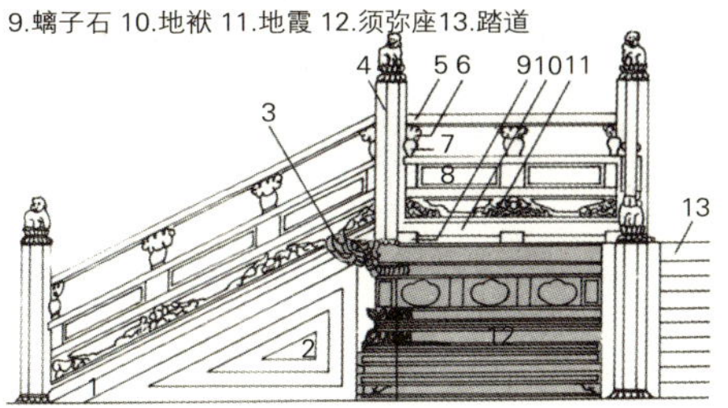

清式须弥座

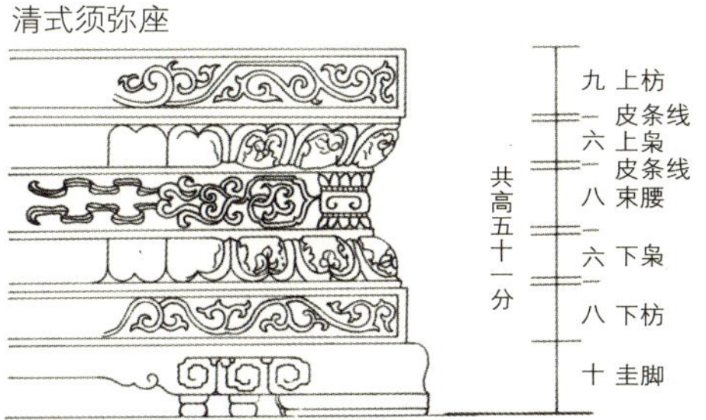

清式须弥座栏杆

1.垂带石 2.象眼石 3.抱鼓 4.螭头 5.柱头 6.柱子 7.栏板 8.角柱 9. 踏跺

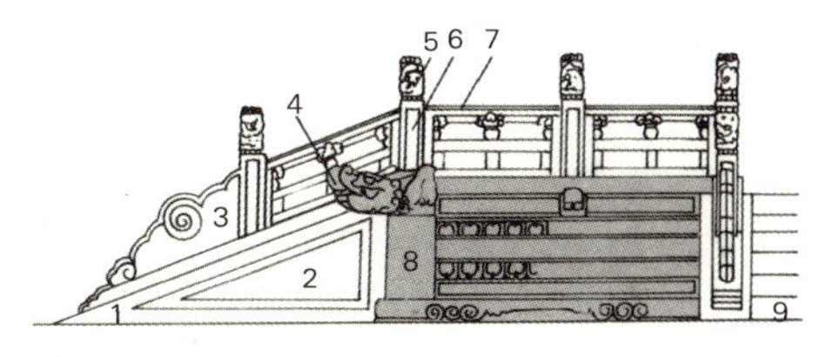

4. 历代建筑细部举要

	汉	南北朝	隋、唐	宋、辽、金	元、明、清
屋顶脊饰	高颐阙屋脊 明器屋脊 两城山石刻屋脊 两城山石刻屋脊	歇山顶 用鸱尾，屋脊曲？升起 河南洛阳古阳洞 庑殿顶 屋脊曲线升起 河南洛阳古阳洞	屋檐平直， 屋顶有鸱尾 鸱尾 西安大雁塔 门楣 版瓦屋脊及歇山做法	吻 泰宁甘露庵 吻 蓟县独乐寺山门	正吻 兽头 仙人 龙 凤
门窗	直棂窗 徐州汉墓 锁纹窗 徐州汉墓 木门 四川彭县画像砖 版门 徐州沛县汉墓	版门、直棂窗 河南洛阳出土北魏宁懋石室	破子棂窗 登封会善寺净芷禅师墓塔 直棂格子门 唐李思训《江帆楼阁图》	格子门 涿县普寿寺塔 栏槛勾窗 宋书雪齐江行图	盘长 套方 灯笼框 布补锦
栏杆	笆子蜀柱栏杆 两城山石刻 卧棂栏杆 汉明器 栏杆 汉明器	直棂和勾片栏杆间用 甘肃敦煌莫高窟257窟 勾片栏杆 山西大同云冈9窟	卧棂栏杆 城楼基座有斗栱 敦煌石窟217室 斗子蜀柱勾片栏杆 敦煌石窟25窟	大同下华严寺 易县千佛塔	寻杖栏杆 花阳杆 石栏杆
柱、柱础	圆柱 山东安丘汉墓 八角柱 山东沂南画像石墓 方柱 四川彭山崖墓	覆盆柱础 甘肃天水麦积山43窟 圆形棱柱 河北定兴石柱 八角柱 麦积山30窟	莲花柱础 五台山佛光寺大殿 莲花柱础 覆盆柱础 西安大雁塔门楣	盆唇覆盆柱础 苏州玄妙观 合莲卷草重层柱础 曲阳八会寺	方柱 圆柱 八角三层柱础
台基	台基 山东两城山石刻 台基 四川彭县画像砖	台基和砖铺散水 河南洛阳出土北魏宁懋石室	临水砖石台基 敦煌石窟唐代壁画 唐招提寺砖木台基	蓟县独乐寺观音阁 宋书《晋文公复国图》	须弥座 台基

5. 阙与午门

北京故宫午门

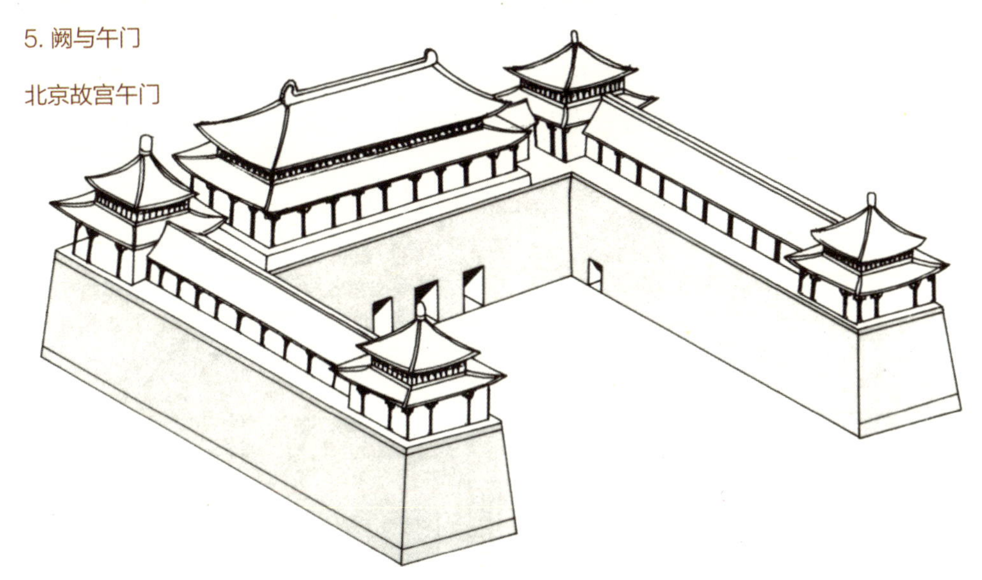

午门的形制沿引“以双阙表门”之说发展形成，又有“午阙”或“五凤楼”之称。

阙大体是由最初的显示威严、供守望的建筑，逐渐演变为显示门第、尊卑、崇尚礼仪的装饰性建筑，《诗经·郑风》反映周代已有阙，春秋时宫殿正门建阙，至汉代除宫殿、陵寝外，祠庙、坟墓前也建阙。阙的形制可分为两种：一为独立的双阙，其间无门，上覆以单檐或重檐屋顶，外侧附子阙，此种阙到唐、宋仅用于陵墓，后不再用；二为门、阙合一的阙，即在双阙间连以单层乃至三层檐的门楼。北魏壁画描绘的宫殿正门乃在城垣上建三层门楼，左右辅以望楼，城垣再向前转折与双阙衔接，平面成冂形，隋、唐二代亦如此。唐大明宫含元殿左右也突出两阙。阙经宋、元演变至明、清时成为北京故宫午门的形制。

历代阙的演变

双阙
楼阁形
四川庆符画像砖（汉）

双阙
有子阙、左右连墙
唐墓出土石雕

双阙
单层有子阙
河南登封县太室阙（汉）

双阙
中央有门
四川成都画像砖（汉）

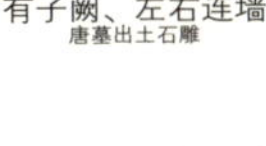

双阙
立於门前方
四川乐山县第41号崖墓（汉）

双阙
中央有屋顶
甘肃敦煌县莫高窟第275窟（北魏）

双阙
立於城门前方
甘肃天水市麦积山石窟第127窟壁画（北魏）

双阙
凸出於殿前以廊与殿相连
陕西西安市大明宫含元殿

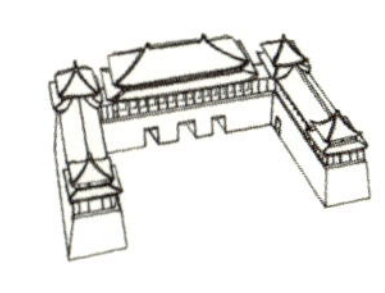

午门
两侧凸出用廊庑相连，由阙演变的观与门相结合，成为宫门的一种形式

6. 清式彩画图示

华丽的建筑彩画是中国古建筑中最具特色的装饰手法，油漆对增强建筑艺术的表现力、感染力产生突出的作用。今天我们所能见到的建筑彩画主要是清式的；根据图案、用色的差别、清式彩画大体分为和玺、旋子、苏式三大类型，分别代表华贵、素雅、活泼三种不同的格调。

和玺彩画

和玺彩画是彩画等级最高者，其中尤以金龙和玺彩画(下图)最为尊贵、华丽。常用于主要宫殿或坛庙，如北京故宫太和殿、天坛祈年殿。图案格式以型“⟅⟅”线划分段落，各段落中画传统的龙、凤、草等花纹，各线路及段落中的图案均沥粉贴金，色彩金碧辉煌。

金龙和云彩画大木排列

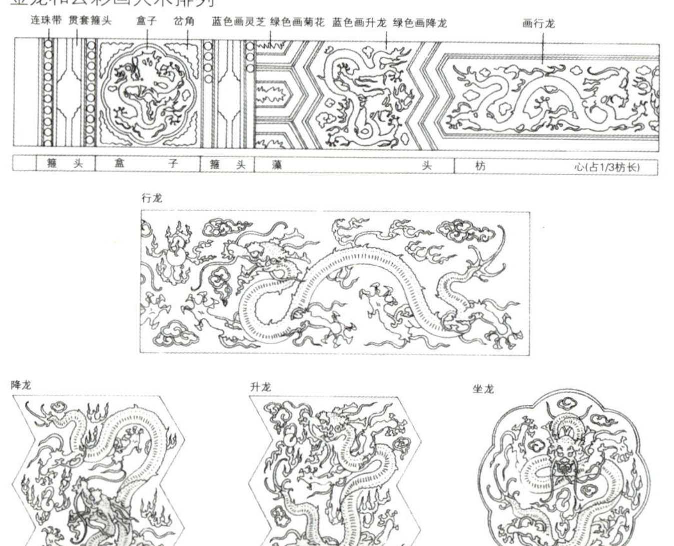

金龙和玺彩画

和玺彩画以龙为主要题材，可分为金龙和玺、龙凤和玺、龙草和玺；其中金龙和玺使用大量沥粉贴金，最为华丽、尊贵。

金龙和玺在各个段落中仅用姿态及名称不同的龙来装饰。通常的分配方式是枋心的龙为“行龙”，一般为对称的两条，中间有一宝珠，藻头的龙分“升龙”(底色配蓝色，表示天)、“降龙”(底色配绿色，表示水)；箍头盒子之内画“坐龙”。

旋子彩画

旋子彩画以在藻头上面画旋花图样而得名。其构图源于圆花藻头，旋子是涡卷瓣旋花的简化形式；构图段落划分线呈“《”形。

旋子彩画按退晕和贴金的多寡，分为七个等级，用在不同等级的建筑上。按顺序分别为金琢墨石碾玉(上图)、烟琢墨石碾玉、金线大点金、墨线大点金、金线小点金、墨线小点金、雅伍墨。石碾玉是旋子中最华贵者，每瓣的蓝绿色都用同一色由浅至深之比例，谓之退晕。其轮廓用金线者称金琢墨，用墨线者称烟琢墨。雅伍墨不用金，只是青、绿、黑、白四色，等级最低。旋子彩画主要的颜色是蓝、绿色，而以墨、白、金三色来点缀。

旋子彩画枋心

旋子彩画的枋心上画龙、锦、西番莲，或只在素地上压黑线，称一字枋心。枋心的主题通常是龙及锦纹，称为龙锦枋心；若大额枋枋心画龙，则小额枋枋心画锦。

旋子彩画中的金琢墨石碾玉、烟琢墨石碾玉、金线大点金，其枋心内多画龙锦；墨线大点金的枋心则采龙锦枋心及一字枋心或空枋心；墨线小点金的枋心有素枋心及活枋心，活枋心内画夔龙、莲草或花卉；雅伍墨枋心做法与墨线小点金相同。

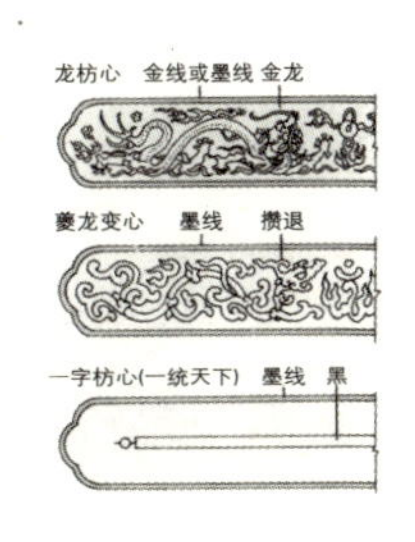

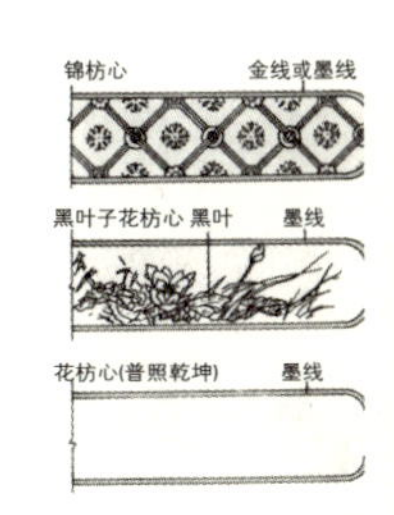

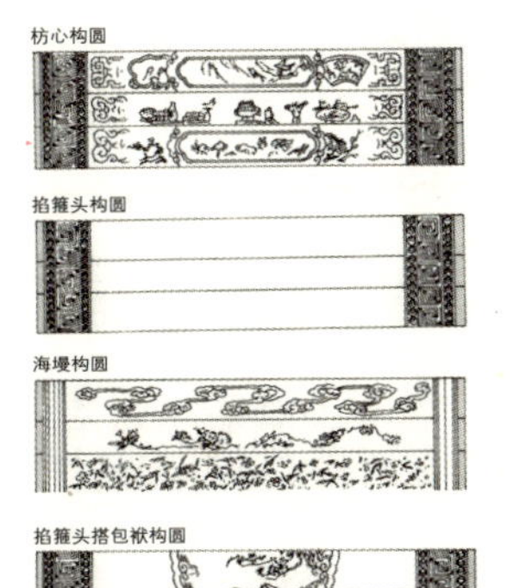

苏式彩画

苏式彩画从江南的包袱彩画演变而来，常见于园林建筑中，广泛用于轩、榭、廊等小型建筑。其题材广泛，多画折枝花卉、花果、仙人、动物、鱼鸟、草虫及寓意吉祥的图案，画材灵活自由。

苏式彩画按等级依次为金琢墨苏画、金线苏画和黄(或墨)线苏画。各等级苏画主要体现在包袱构图与枋心构图上。若按格式可分为包袱构图、枋心构图、掐箍头构图、海墁构图、掐箍头搭包袱构图，其中以包袱构图最常见。

包袱构图是在梁枋两侧画箍头，中间画半圆形包袱，包袱可以将檩、垫板、枋三件一起构图，也可以在一或二件上构图，轮廓线作卷筒烟云退晕。包袱与箍头之间画卡子、聚锦、池子、藻头画。

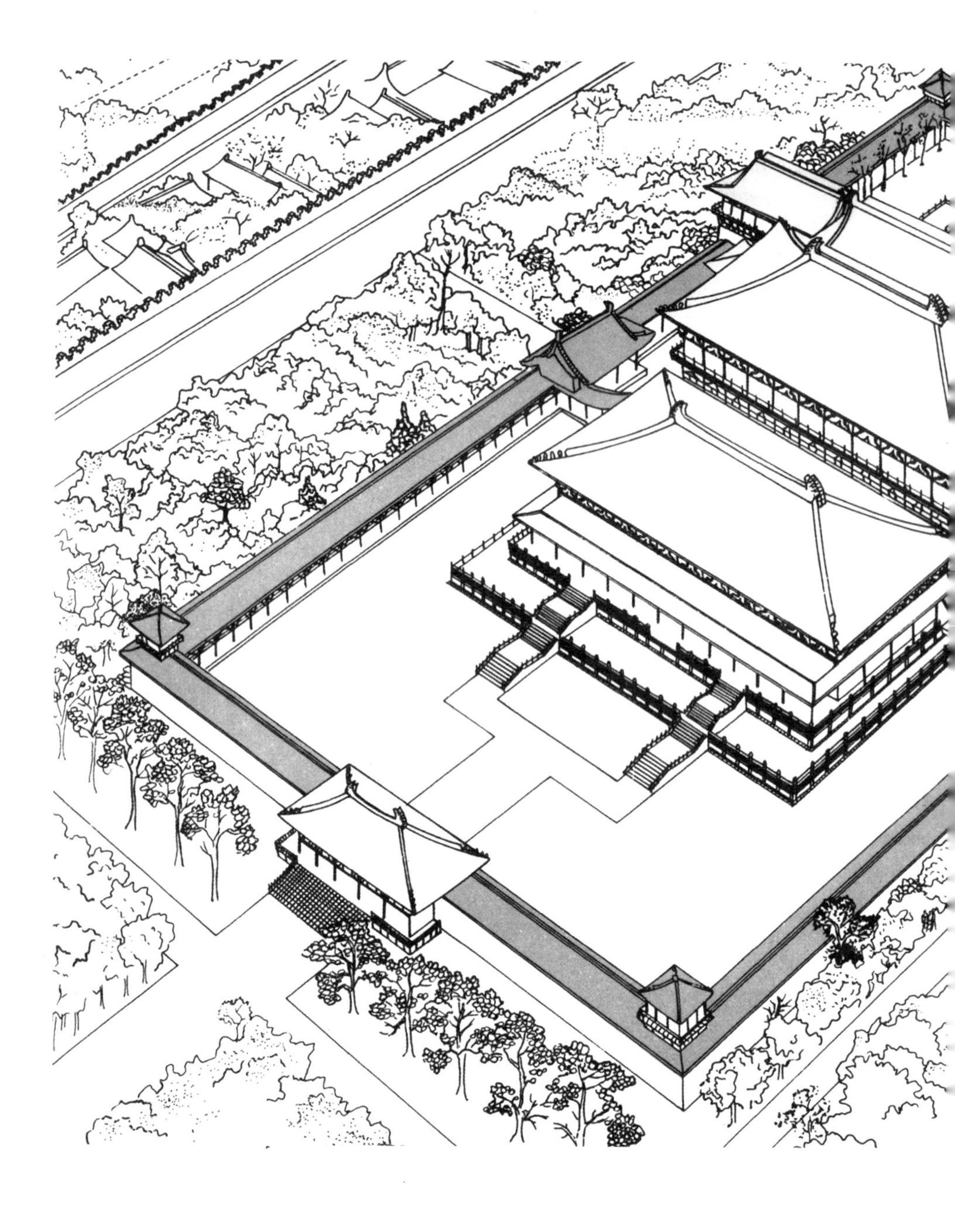

7. 宫殿建筑复原图

唐大明宫麟德殿复原图

左图是唐大明宫麟德殿的复原图，它是唐朝皇帝钦宴群臣、观看杂技舞乐和作佛事的场所。位于大明宫西北部的高地上，由前殿、中殿（主殿）、后殿组成，面宽十一间，进深十七间，面积约为北京故宫太和殿的三倍；殿四周环以回廊，殿的后侧东西各有楼，楼前有亭，烘托中央的大殿。麟德殿的布局特色反映了唐朝大型建筑的组合形态。

二里头宫殿遗址

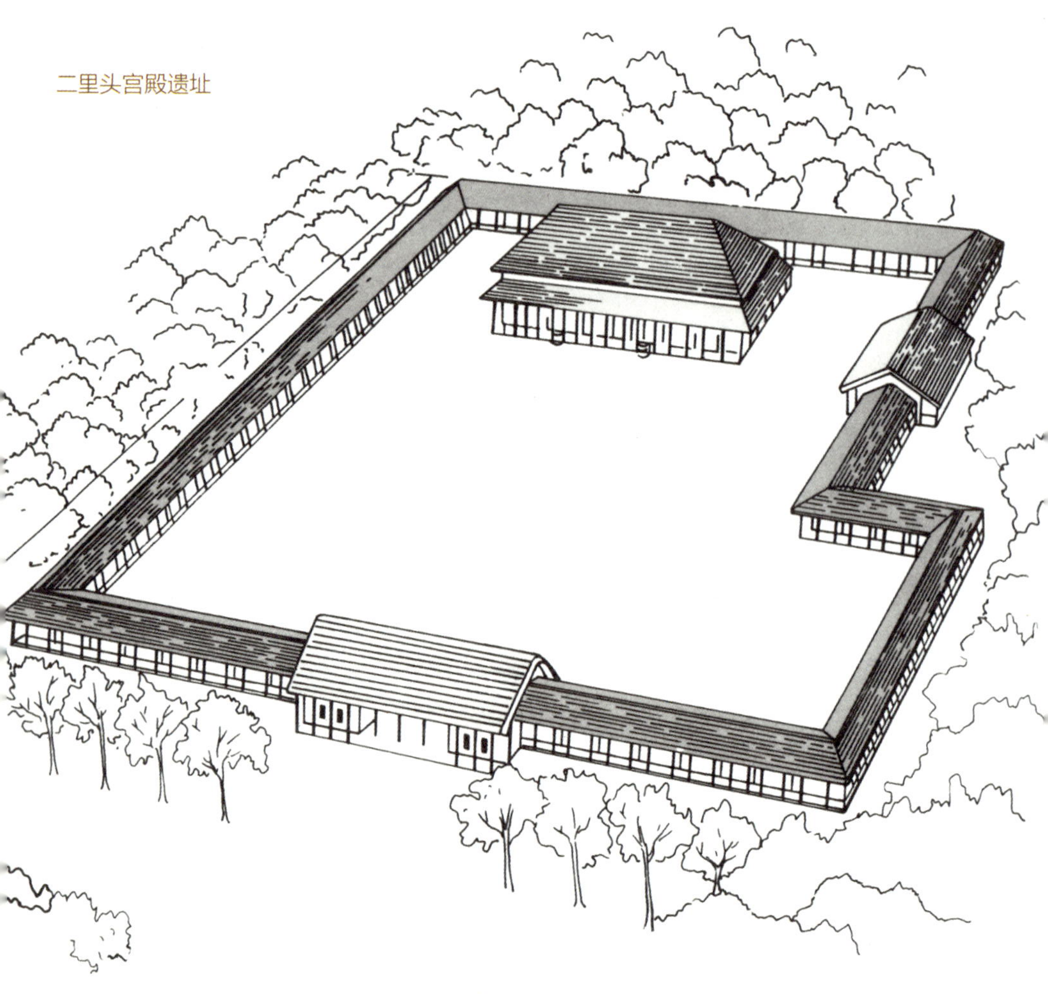

二里头宫殿遗址(上图)，是至今发现最早的一座宫殿遗址。遗址基本上是由大门、廊庑及殿堂的遗迹所组成，整座宫殿坐落在一方形夯土台基上，四周围绕着廊庑，有些是朝内的单面廊，有些是朝向内外的双面复廊。南面廊庑与一座七开间的穿堂式大门连接，廊庑与大门共同围成封闭的中庭。中庭北部居中是一座坐北朝南、面阔八间、进深三间、四坡屋顶的木构单体建筑，是此组建筑的主要殿堂。

九龙壁：明、清时期用琉璃制成九龙浮雕的大型影壁。

十字脊：两个两坡屋顶垂直相交，屋脊形成十字，顶之外端作成歇山式。

上皮：建筑物的木构件或砖墙等部分之上端表面。

女儿墙：砌在平台屋顶上或高台、城墙上的矮墙。

山墙：建筑物两端之墙。

丹陛：古时宫殿上漆朱红色的台阶。

丹墀：殿外的平台。

勾连搭：几个两坡屋面连在一起，使屋顶形成天沟；有的几个歇山屋面勾连一起，四周可形成廊庑。

天花：建筑物内部木构顶棚，以木条交错成为方格，上铺板，用来遮蔽梁以上的部分。

斗栱：我国传统木构架体系建筑中的一种支承物件，由斗栱形木块和弓形木纵横交错层叠构成。早期斗栱为木构架结构层的一部分，明、清以后斗栱的结构作用蜕化，成为主要起装饰作用的构件。

火炕：一种我国北方传统寝床。以砖堆砌而成，中空可烧火，冬天睡于其上非常温暖。

火焰珠：宫殿、塔庙建筑正脊上作装饰用的宝珠，圆珠外缘以火焰为饰。

出跳：即出踩。斗之翘、昂自中线向外或向里伸出谓之出踩。

出檐：屋顶伸出至建筑物之外墙或檐柱以外，谓之出檐。

卡墙：用于两个距离较近房屋之间的连接墙，常作为分隔庭院的墙。

台基：高出地面的建筑物平台，用以承托建筑物并使其避免地下潮气的侵蚀。

四合院：中国传统的院落式住宅，其布局特点是四面建房，中间围成一个庭院。基地四周为墙，一般对外不开窗。

瓦当：即勾头。屋顶檐头每陇瓦最前面的筒瓦之头，其上多有纹饰和文字，作为装饰之用。早期为半圆形瓦当，秦、汉以后流行圆形瓦当。

次间：在建筑物明间两侧与梢间之间的部分。

耳房：位于堂屋两侧端的小屋。

角叶：槅扇大边(边梃)与抹头相交处之金属连接物。

角楼：建于城墙上四角用以瞭望四方的小楼。

卷棚：屋顶前后坡相接处不用脊而以弧线联络为一之结构法。

和玺彩画：以龙凤为主要题材，只能用于皇帝听政、祈天、祭祖及居住等专用建筑物上的彩画。

抱厦：在主建筑入口处附加突出的一间小室。

抱头梁：小式大木檐柱与金柱或老檐柱间之梁，一端在檐柱之上，一端插入金柱或老檐柱。

昂：斗栱上在前后中线上，向前后伸出，前端有尖向下斜垂之材。

明间：建筑物正面中央两柱间之部分。

枋心：梁枋彩画之中心部分。

板瓦：铺于屋顶上的横断面为小于半圆之弧形瓦。

穹窿顶：建筑物凸屋顶的空间结构，在平面图内多呈圆形或多边形。

金柱：在前后两排檐柱以内，但不在纵中线上之柱。

垂脊：(1)庑殿屋顶正面与侧面相交处之脊。(2)歇山前后两坡之正吻沿博缝下垂之脊。

面阔：建筑物正面柱与柱间之距离。建筑物正面之长度称为通面阔。

凌阴：即冰室。

桃尖梁：大式大木柱头科上与金柱间联络之梁。

琉璃瓦：带釉之瓦，多为黄色或绿色，亦有蓝、黑及其他颜色，一般用于宫殿和寺庙建筑。

御路：宫殿台基之前，踏跺的中央作成斜置的雕有云龙、凤饰的石条，石条两侧为阶梯式踏步。御路实际上不能通行，皇帝是坐在辇舆上空抬而过的。

旋子彩画：用于王府、庙宇或宫廷的一些次要建筑上的彩画。题材以旋花、卷草、龙纹或锦纹等旋形图案为主。

望柱：立于石栏杆栏板之间的立柱。

盝顶：状如头盔的屋顶。

博古架：类似书架式的室内木家具或装修，中间做成样式各异的小格，格内陈设各种古玩、器皿。

博缝： 悬山或歇山屋顶两山沿屋顶斜坡钉在桁头上之板。

牌楼： 两立柱之间施额枋，柱上安斗檐屋，下可通行之纪念性建筑物。

硬山： 传统建筑双坡屋顶形式之一，特点是两侧山墙与屋面齐平或略高于屋面。

梢间： 建筑物在左右两端之部分。

华表： 古代设在桥梁、宫殿、城垣或陵墓前作为标志和装饰用的立柱。

菱花窗： 槅心采用菱花图案的窗。

进深： 建筑物由前檐柱至后檐柱间之距离。

间： 四柱间所包含之面积。

须弥座： 传统建筑的一种台基，一般用砖或石砌成，上有凹凸线脚和纹饰。

裙板： 槅扇下部主要之心板。

搭子： 苏式彩画将檐桁垫板及檐枋心联合约成半圆形之枋心。

歇山： 由四个倾斜的屋面、一条正脊、四条垂脊、四条戗脊和两侧倾斜屋面上部转折成垂直的三角形山花墙而组成，形成悬山与庑殿相交所成之屋顶结构形式。因屋顶有九条脊，所以又称“九脊顶”。

落地罩： 沿梁枋及两侧木柱三个方向的内檐装饰，并具有分隔空间的功能。

雉堞： 即城墙排列成如齿状的矮墙。

雷公柱： (1)庑殿推山太平梁上承托桁头及正吻之柱。(2)斗尖亭榭正中之悬柱。

椽： 桁上与桁成正角排列以承望板及屋顶之木材，其横断面或圆或方。

盝顶： 屋架平梁以上不用蜀柱和脊檩。屋顶上部做成平顶，下部做成四面坡。

槅心： 槅扇门、窗上部之中心部分。

槅扇门： 一种加以雕饰，可以开合的室内分隔构件。

隔断： 分隔建筑内部空间的竖直构件。

碧纱橱： 用于室内的槅扇门。

墁砖： 以砖铺地。

箍头： 梁头彩画两端部分。

剑把： 正吻上之雕饰。

墀头： 山墙伸出至檐柱外之部分。

影壁： 建在院落的大门内或大门外，与大门相对作屏障用的墙壁，又称照壁、照墙。古称门屏。其形式有一字形和八字形等。

敌楼： 城墙上用以瞭望的楼台。

踩： 斗栱上每出一拽架谓之一踩。

踏跺： 上下台基的阶石，由一高度达另一高度，即阶梯式踏步。

庑殿： 我国传统建筑屋顶形式之一，由四个倾斜的坡屋面、一条正脊（ 平脊） 和四条斜脊组成，所以又称“五脊顶”。四角起翘，屋面略呈弯曲。

鸱吻： 古代屋顶正脊上两端的兽头形装饰物。

檐柱： 支承屋檐之柱。

螭首： 螭为古代传说中的一种蛟龙之属的动物。宫殿须弥座台基边石栏杆望柱下外雕作龙头状石条，既作排水口，又是一种花饰。

绦环板： 槅扇下部抹头之间的小心板。

槛窗： 窗扇上下有转轴，可以向内或向外开合之窗。窗下为槛墙。

翘： 斗栱上在前后中线上伸出之弓形木。

阙： 中国古代用于标志建筑群入口的建筑物，常建于城池、宫殿、宅第、祠庙和陵墓之前。通常左右各一，其间有路可通。

藻井： 建筑物室内顶部中央升起的穹窿形构造物。

藻头： 彩画箍头与枋心间之部分，俗作找头。

苏式彩画： 以花鸟、鱼虫、山水、人物、翎毛和花卉为主要题材，多用于园林、宅第建筑。

攒尖顶： 平面为圆形、方形或其他正多边形之建筑物上的锥形屋顶。

栏板： 栏杆望柱之间的石板。

露台： 建筑物上无顶的平台。

叠山： 以土、石等材料仿自然山体堆筑假山及叠置山石的总称。

叠涩： 砌砖或砌石时使逐层向外伸出或收入的做法。常用来砌筑檐口、须弥座、门窗洞口和穹窿等。

附录三 / 中国古建筑年表

朝代	年代	中国年号	大事纪要
新石器时代	前约4800年		今河姆渡村东北已建成干阑式建筑(浙江余姚)
	前约4500年		今半坡村已建成原始社会的大方形房屋(陕西西安)
	前3310～2378		建瑶山良渚文化祭坛(浙江余杭)
	前约3000年		今灰嘴乡已建成长方形平面的房屋(河南偃师)
	前约3000年		今江西省清江县已出现长脊短檐的倒梯形屋顶的房屋
	前约3000年		建牛河梁红山文化女神庙(辽宁凌源)
商	前1900～1500		二里头商代早期宫殿遗址，是中国已知最早的宫殿遗址(河南偃师)
	前17～11世纪		今河南郑州已出现版筑墙、夯土地基的长方形住宅
	前1384	盘庚十五年	迁都于殷，营建商后期都城(即殷墟，今河南安阳小屯)
	前12世纪	纣王	在朝歌至邯郸间兴建大规模的苑台和离宫别馆
西周	前12世纪～771		住宅已出现板瓦、筒瓦、人字形断面的脊瓦
	前12世纪	文王	在长安西北40里造灵囿
	前12世纪	武王	在沣河西岸营建沣京，其后又在沣河东岸建镐京
	前1095	成王十年	建陕西岐山凤雏村周代宗庙
	前9世纪	宣王	为防御猃狁，在朔方修筑系列小城
	前777	宣王五十一年(秦襄公)	秦建雍城西，祭白帝。后陆续建密畤、上畤、下畤以祭青帝、黄帝、炎帝，成为四方神畤
春秋	前6世纪		吴王夫差造姑苏台，费时3年
	前475	敬王四十五年	《周礼·考工记》提出王城规划须按“左祖右社”制度安排宗庙与社稷坛
战国	前4～3世纪		七国分别营建都城；齐、赵、魏、燕、秦并在国境中的必要地段修筑防御长城
	前350～207		陕西咸阳秦咸阳宫遗址，为一高台建筑
秦	前221	始皇帝二十六年	秦灭六国，在咸阳北阪仿关东六国而建宫殿
	前221	始皇帝二十六年	秦并天下，序定山川鬼神之祭
	前221	始皇帝二十六年	派蒙恬率兵30万北逐匈奴，修筑长城：西起临洮，东至辽东；又扩建咸阳
	前221～210	始皇帝二十六至三十七年	于陕西临潼建秦始皇陵
	前219	始皇帝二十八年	东巡郡县，亲自封禅泰山，告太平于天下
	前212	始皇帝三十五年	营造朝宫(阿房宫)于渭南咸阳
西汉	前3世纪		出现四合院住宅，多为楼房，并带有坞堡
	前206	高祖元年	项羽破咸阳，焚秦国宫殿，火三月不绝
	前205	高祖二年	建雍城北畤，祭黑帝，遂成五方上帝之制
	前201	高祖六年	建枌榆社于原籍丰县，继而令各县普遍建官社，祭土地神祇
	前201	高祖六年	令祝官立蚩尤祠于长安
	前201	高祖六年	建上皇庙
	前200	高祖七年	修长安(今西安)宫城，营建长乐宫
	前199	高祖八年	始建未央宫，次年建成

续表

朝代	年代	中国年号	大事纪要
西汉	前199	高祖八年	令郡国、县立灵星祠，为祭祀社稷之始
	前194～190	惠帝一至五年	两次发役30万修筑长安城
	前179	文帝元年	天子亲自躬耕籍田，设坛祭先农
	前179	文帝元年	在长安建汉高祖之高庙
	前164	文帝十六年	建渭阳五帝庙
	前140～87	武帝年间	于陕西兴平县建茂陵
	前140	武帝建元元年	创建崂山太清宫
	前139	武帝建元二年	在长安东南郊建立太一祠
	前138	武帝建元三年	扩建秦时上林苑，广袤300里，离宫70所；又在长安西南造昆明池
	前127	武帝元朔二年	始修长城、亭障、关隘、烽燧；其后更五次大规模修筑长城
	前113	武帝元鼎四年	建汾阴后土祠
	前110	武帝元封元年	封禅泰山
	前109	武帝元封二年	建泰山明堂
	前104	武帝太初元年	于长安城西建建章宫
	前101	武帝太初四年	于长安城内起明光宫
	前32	成帝建始元年	在长安城建南、北郊，以祭天神、地祇，确立了天地坛在都城规划布置中的地位
	4	平帝元始四年	建长安城郊明堂、辟雍、灵台
	5	平帝元始五年	建长安四郊兆、祭五帝、日月、星辰、风雷诸神
	5	平帝元始五年	令各地普建官稷
新	20	王莽地皇元年	拆毁长安建章宫等十余座宫殿，取其材瓦，建长安南郊宗庙，共十一座建筑，史称王莽九庙
东汉	25	光武帝建武元年	帝车驾入洛阳，修筑洛阳都城
	26	光武帝建武二年	在洛阳城南建立南郊(天坛)祭告天地
	26	光武帝建武二年	在洛阳城南建宗庙及太社稷。宗庙建筑，改变了汉初以来的一帝一庙制度，形成一庙多室，群主异室
	57	光武帝中元二年	建洛阳城北的北郊，祭地祇
	65	明帝永平八年	建成洛阳北宫
	68	明帝永平十一年	建洛阳白马寺
	153	桓帝元嘉三年	为曲阜孔庙设百石卒史，负责守庙，为国家管理孔庙之始
	2世纪	东汉末年	张陵修道鹤鸣山，创五斗米教，建置致诚祈祷的静室，使信徒处其中思过；又设天师治于平阳
	2世纪末	东汉末年	第四代天师张盛遵父(张鲁)嘱，携祖传印剑由汉中迁居龙虎山
三国	220	魏文帝黄初元年	曹丕代汉由邺城迁都洛阳，营造洛阳及宫殿
	221	蜀汉章武元年	刘备称帝，以成都为都
	229	吴黄武八年	孙权由武昌迁都建业，营造建业为都城
	235	魏青龙三年	起造洛阳宫
	237	魏明帝太和十一年	在洛阳造芳林苑，起景阳山
晋	约300年	惠帝永康元年	石崇于洛阳东北之金谷涧，因川阜而造园馆，名金谷园
	327	成帝咸和二年	葛洪于罗浮山朱明洞建都虚观以炼丹，唐天宝年间扩建为葛仙祠

续表

朝代	年代	中国年号	大事纪要
晋	332	成帝咸和七年	在建康(今南京)筑建康宫
	4世纪		在建康建华林园，位于玄武湖南岸；刘宋时则另于华林园以东建乐游苑
	347	穆帝永和三年	后赵石虎在邺城造华林园，凿天泉池；又造桑梓苑
	353～366	穆帝永和九年至废帝太和元年	始创甘肃敦煌莫高窟
	400	安帝隆安四年	慧持建普贤寺(即今万年寺前身)，为峨眉山第一座寺庙
	401～407	安帝隆安五年至义熙三年	燕慕容熙于邺城造龙腾苑，广袤十余里，苑中有景云山
	413	安帝义熙九年	赫连勃勃营造大夏国都城统万城
南北朝	420	宋武帝永初元年	谢灵运在会稽营建山墅，有《山居赋》记其事
	446	北魏太平真君七年	发兵10万修筑畿上塞围
	452～464	北魏文成帝	始建山西大同云冈石窟
	5世纪	北魏	北天师道创立人寇谦之隐居华山
	5世纪	齐	文惠太子造玄圃园，有“多聚奇石，妙极山水”的记载
	494～495	北魏太和十八至十九年	开凿龙门石窟(洛阳)
	513	北魏延昌二年	开凿甘肃炳灵寺石窟
	516	北魏熙平元年	于洛阳建永宁寺木塔
	523	北魏正光四年	建河南登封嵩岳寺砖塔
	530	梁武帝中大通二年	道士于茅山建曲林馆，继之为著名道士陶弘景的华阳下馆
	552～555	梁元帝承圣一至四年	于江陵造湘东苑
	573	北齐	高纬扩建华林苑，后改名为仙都苑
	6世纪	北周	庾信建小园，并有《小园赋》记其事
隋	582	文帝开皇二年	命宇文恺营建大兴城(今西安)，唐代更名长安城
	586	文帝开皇六年	始建河北正定龙藏寺，清康熙年间改称今名隆兴寺
	595	文帝开皇十五年	在大兴建仁寿宫
	605～618	炀帝大业年间	青城山建延庆观；唐代改建为常道观(即天师洞)
	605～618	炀帝大业年间	在洛阳宫城西造西苑，周围20里，有16院
	607	炀帝大业三年	在太原建晋阳宫
	607	炀帝大业三年	发男丁百万余修长城
	611	炀帝大业七年	于山东历城建神通寺四门塔
唐	7世纪		长安宫城内有东、西内苑，城外有禁苑，周围120里
	618～906		出现一颗印式的两层四合院，但楼阁式建筑已日趋衰退
	619	高祖武德二年	确定了对五岳、四镇、四海、四渎山川神的祭祀
	619	高祖武德二年	在京师国子学内建立周公及孔子庙各一所
	620	高祖武德三年	于周至终南山山麓修宗圣宫，祀老子，以唐诸帝陪祭(即古楼观之中心)
	627～648	太宗贞观年间	封华山为金天王，并创建庙宇(西岳庙)
	630	太宗贞观四年	令州县学内皆立孔子庙

续表

朝代	年代	中国年号	大事纪要
唐	636	太宗贞观十年	于陕西省礼泉县建昭陵
	651	高宗永徽二年	大食国正式遣使来唐，伊斯兰教开始传入我国
	7世纪		创建广州怀圣寺
	652	高宗永徽三年	于长安建慈恩寺大雁塔
	653	高宗永徽四年	金乔觉于九华山建化城寺
	662	高宗龙朔二年	于长安东北建蓬莱宫，高宗总章三年（670年）改称大明宫
	669	高宗总章二年	建长安兴教寺玄奘塔
	681	高宗开耀元年	长安建香积寺塔
	683	高宗弘道元年	于陕西省乾县建乾陵
	688	武则天垂拱四年	拆毁洛阳宫内乾元殿，建成一座高达三层的明堂
	7世纪末		武则天登中岳，封嵩山为神岳
	707～709	中宗景龙一至三年	于长安建荐福寺小雁塔
	714	玄宗开元二年	始建长安兴庆宫
	722	玄宗开元十年	诏两京及诸州建玄元皇帝庙一所，以奉祀老子
	722	玄宗开元十年	建幽州(北京)天长观，明初更名白云观
	724	玄宗开元十二年	于青城山下筑建福宫
	725	玄宗开元十三年	册封五岳神及四海神为王；四镇山神及四渎水神为公
	8世纪		在临潼县骊山造离宫华清池；在曲江则有游乐胜地
	742	玄宗天宝元年	废北郊祭祀，改为在南郊合祭天地
	751	玄宗天宝十年	玄宗避安史之乱，客居青羊观，回长安后赐钱大事修建，改名青羊宫
	8世纪		李德裕在洛阳龙门造平泉庄
	8世纪		王维在蓝田县辋川谷营建辋川别业
	8世纪		白居易在庐山造庐山草堂，有《草堂记》述其事
	782	德宗建中三年	于五台山建南禅寺大殿
	857	宣宗大中十一年	于五台山建佛光寺东大殿
	904	昭宗天祐元年	道士李哲玄与张道冲施建太清宫(称三皇庵)
五代	951～960	后周	始在国都东、西郊建日月坛
	956	后周世宗显德三年	扩建后梁、后晋故都开封城，并建都于此。北宋继之以为都城，并续有扩建
	959	后周世宗显德六年	于苏州建云岩寺塔
北宋	960～1279		宅第民居形式趋向定型化，形式已和清代差异不大
	964	太祖乾德二年	重修中岳庙
	971	太祖开宝四年	于正定建隆兴寺佛香阁及24米高观音铜像
	977	太宗太平兴国二年	于上海建龙华塔
	984	太宗雍熙元年(辽圣宗统和二年)	辽建独乐寺观音阁(河北蓟县)
	996	太宗至道二年(辽圣宗统和十四年)	辽建北京牛街礼拜寺
	11世纪		重建韩城汉太史公祠

续表

朝代	年代	中国年号	大事纪要
北宋	1008	真宗大中祥符元年	于东京(今开封)建玉清昭应宫
	1009	真宗大中祥符二年	建岱庙天贶殿
	1009	真宗大中祥符二年	于泰山建碧霞元君祠，祀碧霞元君
	1009～1010	真宗大中祥符二至三年	始建福建泉州圣友寺
	1013	真宗大中祥符六年	再修中岳庙
	1038	仁宗宝元元年(辽兴宗重熙七年)	辽建山西大同下华严寺薄伽教藏殿
	1049～1053	仁宗皇祐年间	贾得升建希夷祠祀陈抟(今玉泉院)
	1052	仁宗皇祐四年	建隆兴寺摩尼殿(河北正定)
	1056	仁宗嘉祐元年(辽道宗清宁二年)	辽建山西应县佛宫寺释迦塔
	11世纪		司马光在洛阳建独乐园，有《独乐园记》记其事
	11世纪		富弼在洛阳有邸园，人称富郑公园
	1086～1099	哲宗年间	赐建茅山元符荣宁宫
	1087	哲宗元祐二年	赐名罗浮山葛仙祠为冲虚观
	1102	徽宗崇宁元年	重修山西晋祠圣母殿
	1105	徽宗崇宁四年	于龙虎山创建天师府，为历代天师起居之所
	1115	徽宗政和五年	在汴梁建造明堂，每日兴工万余人
	1125	徽宗宣和七年	于登封建少林寺初祖庵
	12世纪	北宋末南宋初	广州怀圣寺光塔建成
南宋	12世纪		绍兴禹迹寺南有沈园，以陆游诗名闻于世
	12世纪		韩侂胄在临安造南园
	12世纪		韩世宗于临安建梅冈园
	1131	高宗绍兴元年	建福建泉州清净寺；元至正九年(1349年)重修
	1138	高宗绍兴八年	以临安为行宫，定为都城，并着手扩建
	1150	高宗绍兴二十年(金庆帝天德二年)	金完颜亮命张浩、孔彦舟营建中都
	1163	孝宗隆兴元年(金世宗大定三年)	金建平遥文庙大成殿
	1190～1196	光宗绍兴元年至宁宗庆元二年(金章宗昌明年间)	金丘长春修道崂山太清宫，后其师弟刘长生增筑观宇，建成全真道随山派祖庭
	1240	理宗嘉熙四年(蒙古太宗十二年)	蒙古于山西永济县永乐镇吕洞宾故里修建永乐宫
	1267	度宗咸淳三年(蒙古世祖至元四年)	蒙古忽必烈命刘秉忠营建大都城
	1269	度宗咸淳五年(蒙古世祖至元六年)	蒙古建大都(北京)国子监
	1271	度宗咸淳七年(元世祖至元八年)	元建北京妙应寺白塔，为中国现存最早的喇嘛塔
	1275	恭帝德祐元年(元至元十二年)	始建江苏扬州普哈丁墓
	1275	恭帝德祐元年(元至元十二年)	始建江苏扬州清真寺(仙鹤寺)，后并曾多次重修

续表

朝代	年代	中国年号	大事纪要
元	1281	元世祖至元十八年	浙江杭州真教寺大殿建成，延祐年间(1314～1320年)重建
	13世纪	元初	建西藏萨迦南寺
	13世纪	元初	建大都之禁苑万岁山及太液池，万岁山即今之琼华岛
	13世纪	元初	创建云南昆明正义路清真寺
	14世纪		创建上海松江清真寺，明永乐、清康熙时期重修
	1302	成宗大德六年	建大都(北京)孔庙
	1310	武宗至大三年	重修福建泉州圣友寺
	1320	仁宗延祐七年	建北京东岳庙
	1323	英宗至治三年	重修福建泉州伊斯兰教圣墓
	1342	顺帝至正二年	天如禅师建苏州狮子林
	1343	顺帝至正三年	重建河北定县清真寺
	1350	顺帝至正十年	重修广州怀圣寺
	1356	顺帝至正十六年	北京东四清真寺始建；明英宗正统十二年(1447年)重修
	1363	顺帝至正二十三年	建新疆霍城吐虎鲁克帖木儿玛扎
明	1368～1644		各地都出现一些大型院落，福建已出现完善的土楼
	1368	太祖洪武元年	朱元璋始建宫室于应天府(今南京)
	14世纪	太祖洪武年间	云南大理老南门清真寺始建，清代重修
	14世纪	太祖洪武年间	湖北武昌清真寺建成，清高宗乾隆十六年(1751年)重修
	14世纪	太祖洪武年间	宁夏韦州大寺建成
	1373	太祖洪武六年	南京城及宫殿建成
	1373	太祖洪武六年	派徐达镇守北边，又从华云龙言，开始修筑长城，后历朝屡有兴建
	1376～1383	太祖洪武九至十五年	于南京建灵谷寺大殿
	1373	太祖洪武六年	在南京钦天山建历代帝王庙
	1381	太祖洪武十四年	始建孝陵，位于江苏省南京市，成祖永乐三年(1405年)建成
	1388	太祖洪武二十一年	创建南京净觉寺；宣宗宣德五年(1430年)及孝宗弘治三年(1492年)两度重修
	1392	太祖洪武二十五年	创建陕西西安华觉巷清真寺，明、清两代并曾多次重修扩建
	1407	成祖永乐五年	始建北京宫殿
	1409	成祖永乐七年	始建长陵，位于北京市昌平区
	1413	成祖永乐十一年	敕建武当山宫观，历时11年，共建成8宫、2观及36庵堂、72岩庙
	1420	成祖永乐十八年	北京宫城及皇城建成，迁都北京
	1420	成祖永乐十八年	建北京天地坛、太庙、先农坛
	1421	成祖永乐十九年	北京宫内奉天、华盖、谨身三殿被烧毁
	1421	成祖永乐十九年	建北京社稷坛
	15世纪		大内御苑有后苑(今北京故宫坤宁门北之御花园)、万岁山(即清代的景山)、建福宫花园、西苑和兔苑
	1436	英宗正统元年	重建奉天、华盖、谨身三殿
	1442	英宗正统七年	重修北京牛街礼拜寺；清康熙三十五年(1696年)大修扩建
	1444	英宗正统九年	建北京智化寺

续表

朝代	年代	中国年号	大事纪要
明	1447	英宗正统十二年	于西藏日喀则建扎什伦布寺
	1456	景帝景泰七年	初建景泰陵 ，后更名为庆陵
	1465～1487	宪宗成化年间	山东济宁东大寺建成，清康熙、乾隆时重修
	1473	宪宗成化九年	于北京建真觉寺金刚宝座塔
	1483～1487	宪宗成化十九至二十三年	形成曲阜孔庙今日之规模
	1495	孝宗弘治八年	山东济南清真寺建成，世宗嘉靖三十三年(1554年)及清穆宗同治十三年(1874年)重修
	1500	孝宗弘治十三年	重修无锡泰伯庙
	16世纪		重修山西太原清真寺
	1506～1521	武宗正德年间	秦端敏建无锡寄畅园，有八音涧名闻于世
	1509	武宗正德四年	御史王献臣罢官归里，在苏州造拙政园
	1519	武宗正德十四年	重建北京宫内乾清、坤宁二宫
	1522～1566	世宗嘉靖年间	始建苏州留园；清乾隆时修葺
	1523	世宗嘉靖二年	重修河北宣化清真寺；清穆宗同治四年(1865)年再修
	1524	世宗嘉靖三年	新疆喀什艾迪卡尔礼拜寺建成，清高宗乾隆五十三年(1788)年扩建
	1530	世宗嘉靖九年	建北京地坛、日坛，月坛，恢复了四郊分祭之礼
	1530	世宗嘉靖九年	改建北京先农坛
	1531	世宗嘉靖十年	建北京历代帝王庙
	1534	世宗嘉靖十三年	改天地坛为天坛
	1537	世宗嘉靖十六年	北京故宫新建养心殿
	1540	世宗嘉靖十九年	建十三陵石牌坊
	1545	世宗嘉靖二十四年	重建北京太庙
	1545	世宗嘉靖二十四年	将天坛内长方形的大殿改建为圆形三檐的祈年殿
	1549	世宗嘉靖二十八年	重修福建福州清真寺
	1559	世宗嘉靖三十八年	建上海豫园，为潘允端之私园，大假山则是著名叠石家张南阳造
	1561	世宗嘉靖四十年	始建河南沁阳清真寺，明神宗万历十八年(1590年)、清德宗光绪十三年(1887年)重修
	1568	穆宗隆庆二年	戚继光镇蓟州；增修长城，广建敌台及关塞
	1573～1619	神宗万历年间	米万钟建北京勺园，以“山水花石”四奇著称
	1583	神宗万历十一年	始建定陵，位于北京市昌平区
	1598	神宗万历二十六年	始建永陵，初名兴京陵，清世祖顺治十六年(1659年)改为今名
	1601	神宗万历二十九年	建福建齐云楼，为土楼形式
	1602	神宗万历三十年	始建江苏镇江清真寺；清代重建
	1615	神宗万历四十三年	重建北京故宫皇极(太和)、中极(中和)、建极(保和)三大殿
	1620	神宗万历四十八年	重修庆陵
	1629	思宗崇祯二年(后金太宗天聪三年)	后金于辽宁省沈阳市建福陵
	1634	思宗崇祯七年	计成所著《园冶》一书问世

续表

朝代	年代	中国年号	大事纪要
明	1640	思宗崇祯十三年(清太宗崇德五年)	清重修沈阳故宫笃恭殿(大政殿)
	1643	思宗崇祯十六年(清太宗崇德八年)	清始建昭陵，位于辽宁沈阳市，为清太宗皇太极陵墓
清	1645～1911		今日所能见到的传统民居形式大致已形成
	17世纪	清初	新疆喀什阿巴伙加玛扎始建，后并曾多次重修扩建
	1644～1661	世祖顺治年间	改建西苑，于琼华岛上造白塔
	1645	世祖顺治二年	达赖五世扩建布达拉宫
	1655	世祖顺治十二年	重建北京故宫乾清、坤宁二宫
	1661	世祖顺治十八年	始建清东陵
	1662～1722	圣祖康熙年间	建福建永定县承启楼
	1663	圣祖康熙二年	孝陵建成，位于河北省遵化县
	1672	圣祖康熙十一年	重建成都武侯祠
	1677	圣祖康熙十六年	山东泰山岱庙形成今日之规模
	1680	圣祖康熙十九年	在玉泉山建澄心园，后改名静明园
	1681	圣祖康熙二十年	建景陵，位于河北遵化县
	1683	圣祖康熙二十二年	重建北京故宫文华殿
	1684	圣祖康熙二十三年	造畅春园
	1687	圣祖康熙二十六年	始建甘肃兰州解放路清真寺
	1689	圣祖康熙二十八年	建北京故宫宁寿宫
	1689	圣祖康熙二十八年	四川阆中巴巴寺始建
	1690	圣祖康熙二十九年	重建北京故宫太和殿，康熙三十四年（1695年）建成
	1696	圣祖康熙三十五年	于呼和浩特建席力图召
	1702	圣祖康熙四十一年	河北省泊镇清真寺建成；德宗光绪三十四年（1908年）重修
	1703	圣祖康熙四十二年	建承德避暑山庄
	1703	圣祖康熙四十二年	始建天津北大寺
	1710	圣祖康熙四十九年	重建山西解县关帝庙
	1718	圣祖康熙五十七年	建孝东陵，葬世祖之后孝惠章皇后博尔济吉特氏
	1720	圣祖康熙五十九年	始建甘肃临夏大拱北
	1722	圣祖康熙六十一年	始建甘肃兰州桥门街清真寺
	1725	世宗雍正三年	建圆明园，乾隆时又增建，共四十景
	1730	世宗雍正八年	始建泰陵，高宗乾隆二年(1737年)建成
	1735	世宗雍正十三年	建香山行宫
	1736～1796	高宗乾隆年间	著名叠石家戈裕良造苏州环秀山庄
	1736～1796	高宗乾隆年间	河南登封中岳庙形成今日规模
	1742	高宗乾隆七年	四川成都鼓楼街清真寺建成，乾隆五十九年（1794年）重修
	1745	高宗乾隆十年	扩建香山行宫，并改名静宜园
	1746～1748	高宗乾隆十一至十三年	增建沈阳故宫中路、东所、西所等建筑群落
	1750	高宗乾隆十五年	建造北京故宫雨花阁
	1750	高宗乾隆十五年	建万寿山、昆明湖，定名清漪园，历时14年建成
	1751	高宗乾隆十六年	在圆明园东造长春园和绮春园

续表

朝代	年代	中国年号	大事纪要
清	1752	高宗乾隆十七年	将天坛祈年殿更为蓝色琉璃瓦顶
	1752	高宗乾隆十七年	重修沈阳故宫
	1755	高宗乾隆二十年	于承德建普宁寺，大殿仿桑耶寺乌策大殿
	1756	高宗乾隆二十一年	重建湖南汨罗屈子祠
	1759	高宗乾隆二十四年	重建河南郑州清真寺
	1764	高宗乾隆二十九年	建承德安远庙
	1765	高宗乾隆三十年	宋宗元营建苏州网师园
	1766	高宗乾隆三十一年	建承德普乐寺
	1767～1771	高宗乾隆三十二至三十六年	建承德普陀宗乘之庙
	1770	高宗乾隆三十五年	建福建省华安县二宜楼
	1773	高宗乾隆三十八年	宁夏固原二十里铺拱北建成
	1774	高宗乾隆三十九年	建北京故宫文渊阁
	1778	高宗乾隆四十三年	建沈阳故宫西路建筑群
	1778	高宗乾隆四十三年	新疆吐鲁番苏公塔礼拜寺建成
	1779～1780	高宗乾隆四十四至四十五年	建承德须弥福寿之庙
	1781	高宗乾隆四十六年	建沈阳故宫文溯阁、仰熙斋、嘉荫堂
	1783	高宗乾隆四十八年	建北京国子监辟雍
	1784	高宗乾隆四十九年	建北京西黄寺清净化城塔
	18世纪		建青海湟中塔尔寺
	1789	高宗乾隆五十四年	内蒙古呼和浩特清真寺创建，1923年重修
	1796	仁宗嘉庆元年	始建河北易县昌陵，8年后竣工
	18～19世纪	仁宗嘉庆年间	黄至筠购买扬州小玲珑小馆，于旧址上构筑个园
	1804	仁宗嘉庆九年	重修沈阳故宫东路、西路及中路东、西两所建筑群
	1822	宣宗道光二年	建成湖南隆回清真寺
	1822～1832	宣宗道光二至十二年	天津南大寺建成
	1832	宣宗道光十二年	始建慕陵，4年后竣工
	1851	文宗咸丰元年	建昌西陵，葬仁宗孝和睿皇后
	1852	文宗咸丰二年	西藏拉萨河坝林清真寺建成
	1859	文宗咸丰九年	于河北省遵化县建定陵
	1859	文宗咸丰九年	成都皇城街清真寺建成，1919年重修
	1873	穆宗同治十二年	始建定东陵，德宗光绪五年（1879年）建成
	1875	德宗光绪元年	于河北省遵化县建惠陵
	1882	德宗光绪八年	青海大通县杨氏拱北建成
	1887	德宗光绪十三年	伍兰生在同里建退思园
	1888	德宗光绪十四年	重建青城山建福宫
	1891～1892	德宗光绪十七至十八年	甘肃临潭西道场建成；1930年重修
	1894	德宗光绪二十年	云南巍山回回墩清真寺建成
	1895	德宗光绪二十一年	重修定陵
	1909	宣统元年	建崇陵，为德宗陵寝

参考文献

《周礼》
《国朝宫史》鄂尔泰、张廷玉编纂
《日下旧闻考》于敏中等编纂
《酌中志》刘若愚撰
《明史》张廷玉等编纂
《清宫述闻》章乃炜、王蔼人编
《紫禁城宫殿》于倬云主编
《故宫博物院院刊》(1990 年第3 期)
《建筑考古论文集》杨鸿勋著
《中国古代建筑史》中国建筑工业出版社
《沈阳故宫博物馆论文集》(1979 — 1982 年)
《沈阳故宫博物馆论文集》(1983 — 1985 年)
《盛京皇宫》紫禁城出版社(1989 年)
《宫苑文论》辽宁人民出版社(1989 年)

图书在版编目(CIP)数据

宫殿建筑：末代皇都 / 本社编. —北京：中国建筑工业出版社，2009

(中国古建筑之美)

ISBN 978-7-112-11332-3

I. 宫… II. 本… III. 宫殿—建筑艺术—中国—图集 IV. TU-098.9

中国版本图书馆CIP数据核字（2009）第169178号

责任编辑：王伯扬 马 彦

责任设计：董建平

责任校对：李志立 赵 颖

中国古建筑之美

宫殿建筑

末代皇都

本社 编

*

中国建筑工业出版社出版、发行（北京西郊百万庄）

各地新华书店、建筑书店经销

北京美光制版有限公司制版

北京方嘉彩色印刷有限责任公司印刷

*

开本：880×1230毫米 1/32 印张：7 1/4 字数：207千字

2010年1月第一版 2010年1月第一次印刷

定价：45.00元

ISBN 978-7-112-11332-3

(18585)